prometeo
 libros

prometeo
libros

20 MINUTOS EN EL FUTURO
Distancias y relaciones interpersonales en el espacio digital

Roxana Cabello

20 MINUTOS EN EL FUTURO

Distancias y relaciones interpersonales en el espacio digital

prometeo
libros

Cabello, Roxana
 20 minutos en el futuro : distancias y relaciones interpersonales en el espacio digital / Roxana Cabello. - 1a ed . - Ciudad Autónoma de Buenos Aires : Prometeo Libros, 2018.
 110 p. ; 23 x 16 cm.

 1. Comunicación. 2. Estudios Culturales. 3. Cultura. I. Título.
 CDD 306.4

Imagen de tapa: Victoria Moyano
Armado: Yanina Pérez
Corrección de galeras: Liliana Stengele

© De esta edición, Prometeo Libros, 2018
Pringles 521 (C1183AEI), Buenos Aires, Argentina
Tel.: (54-11) 4862-6794 / Fax: (54-11) 4864-3297
editorial@treintadiez.com
www.prometeoeditorial.com

Hecho el depósito que marca la Ley 11.723
Prohibida su reproducción total o parcial
Derechos reservados

Índice

Introducción 11

Capítulo 1
Tecnologías, espacio y distancias 21
Teletransportadores 21
Perdidos en el espacio 24
La aldea global 25
Espacio, tecnologías y distancia social 28

Capítulo 2
Vínculos interpersonales en la era de internet 31
Yo voyeur 31
   Ciberagencias: todo el mundo busca amor 35
      Los números de una tendencia sostenida 36
      Estilo Tinder: un sistema que involucra distancias internas 39
   Teleamor 43
      Entre la tierra y el ciberespacio 44
      El cuerpo distante 47
      Deseo, ciberestimulación y dispositivos hápticos ... 51
   Redes sociales digitales 55
      Los números de la Argentina en las redes 56
      Internet, redes, usos y distancias 58
      Internet, información y comunicación 59
      Contactos y amigos 61
      Redes sociales y vida privada 64
      Mención aparte para Whatsapp 70

Capítulo 3
Espacio Digital 73
No es natural 75
Nuestras prácticas materiales espaciales digitales 77

Ingenierías, hackers y profundidades de internet 77
Flujos y circulaciones 81
Espacios tuneados y redes 82
La dimensión de las imaginaciones 84
Mapas mentales, mapas digitales 86
Paisajes virtuales 90

BIBLIOGRAFÍA 97

A Ren

Introducción

Uno de mis tíos, que tiene sesenta y pico de años, se puso de novio con una señora a la que contactó a través de un sitio de citas en Internet. Estuvieron un tiempo conociéndose, después empezaron a tratar a sus respectivas familias y finalmente se fueron a vivir juntos. Hoy comen perdices y tengo entendido que incluso están planeando casarse. Mis padres, que son las personas mayores de la familia, están encantados de conocer a la novia y de ver a mi tío tan feliz. Y a pesar de que al principio la situación les había parecido un tanto extraña (hay que decir que no era la primera relación que él había tenido por esta vía), una vez que integraron a la novia a la familia, naturalizaron el origen tecno del vínculo. Es probable que cada uno de nosotros conozca al menos a una persona usuaria de estos sitios de citas y estoy segura de que debe haber algunos usuarios entre los lectores de este libro. En la edición 2018 de la feria ArteBA se inauguró la performance "una feria de amor", en la que los participantes (miembros del público de la feria) usaban cascos de realidad virtual que les permitían identificar a las personas que tenían activas sus cuentas de aplicaciones de citas en un predio vecino, en donde se realizaba una actividad muy diferente: la Feria de la Asociación Rural Argentina. Es decir que tanto los artistas como los organizadores de los eventos daban por sentado que muchos de los visitantes a esa feria tan tradicional, contarían con esas modernas aplicaciones en sus teléfonos celulares y harían posible que la intervención estética fluyera.

A mediados de 2017, el sitio de citas Happn (apoyado por la consultora de estudios de opinión YouGov) hizo una encuesta sobre una muestra representativa de mil casos de la población argentina. Los resultados indican que 3 de cada 10 encuestados dijeron haber utilizado alguna vez una aplicación de citas; más de la mitad dijeron conocer a alguien que encontró pareja por esa vía y casi 1 de cada 5 (17%) conoció a su pareja actual o previa en línea, ya sea en redes sociales o a través de sitios/apps de citas[1]. Estos números parecen hablar de que están generándose nuevos escenarios en los cuales las personas toman contacto unos con otros y se encuentran frente a la posibilidad de iniciar una relación. El estudio indica que además de los sitios de citas, hay personas que también usan algunas de las redes sociales digitales con la expectativa de producir encuentros que trasciendan el contacto efímero o la amistad. Mediante un recorrido rápido por Internet se puede acceder a distintos tutoriales que dan consejos sobre cómo producir las fotografías de los perfiles o editar la mini biografía para lograr mejores resultados. Algunos de esos consejos están apoyados en la información que generan las propias redes, estudiando los comportamientos de los usuarios.[2]

Además de la búsqueda de pareja hay una vida sociable muy activa que se produce en Internet y a través de ella. Los usos de las redes sociales digitales y de las de mensajería instantánea se generalizaron de manera muy veloz y transversal a diferentes pertenencias sociales y culturales, conformando uno de los hábitats más diversos y activos del espacio digital. Las personas participan en redes de sociabilidad compuestas de contactos y "amigos" y encuentran en esas redes oportunidades para expresar opiniones, difundir informaciones e incluso compartir situaciones personales en un escenario que les otorga carácter público —más de lo que se había planteado en otras etapas de la historia. Tanto los sitios de citas como las redes sociales digitales, pero también otros espacios virtuales como juegos, comunidades de intereses, foros, entre otros, dan lugar al inicio de vínculos de distinto alcance: se contactan conocidos y amistades, se construyen lazos profesionales y laborales en general, y también se conforman parejas o relaciones íntimas de diferentes tipos. Algunas de ellas se desarrollan luego enteramente en el espacio

---

[1] Salinas, S., para Télam, 17.06.2017,
[2] Los estudios que realizan las empresas activas en Internet (en particular los buscadores y las redes sociales digitales) a través de métodos sofisticados de análisis de gigantescas masas de datos, no siempre son declarados ni autorizados explícitamente por los usuarios. Entonces son motivo de un conjunto de críticas y seguimientos por parte de analistas y de medios de comunicación. Además, se constituyen en temática central de ciertos productos de la industria cultural, por ejemplo algunas series que se producen y circulan a través de plataformas de consumo en línea —como *Black Mirror* o *Mister Robot*— que intentan representar los mecanismos que sostienen esos dispositivos de expropiación de información y de control, así como las consecuencias que pueden generar. La crítica al monitoreo coercitivo de los comportamientos es fundamental, no solamente porque se trata de una invasión a la privacidad y los derechos de las personas sino porque se utiliza como plataforma para la reproducción ampliada de la ganancia, por ejemplo a través del aumento de la cotización de las empresas en bolsas de valores internacionales. Sin embargo en algunos casos, además de los estudios que producimos en el Observatorio de Usos de Medios Interactivos (OUMI) de la UNGS, consideraré varias de las informaciones producidas por o para esas empresas cuando se trate de las únicas que están disponibles respecto de ciertas actividades del sector.

territorial pero otras se producen alternando entre el territorio e Internet. Si bien es cierto que siempre hubo relaciones a distancia, Internet introduce nuevas posibilidades que hacen que personas que viven separadas por distancias espaciales enormes puedan compartir actividades en tiempo real a través de la telepresencia (por ejemplo vía videoconferencia).

Podríamos estar asistiendo a una tendencia sociocultural: las personas amplían sus espacios de relacionamiento, incorporan medios que poco tiempo atrás no hubieran usado para esos fines (algunos de los cuales ni siquiera existían). Además son cada vez más quienes se suman a estas opciones, lo que da lugar a una mayor cantidad y variedad de ofertas de sitios y aplicaciones.

¿Cómo sabemos que una práctica cultural se constituye como tendencia? se pregunta Luis Alberto Quevedo (2015). Y su respuesta sugiere prestar atención a si deja huellas nítidas, si es capaz de teñir varios campos, si se vincula con el cambio y con lo que está por venir. Las tendencias contienen una ambigüedad, dice, porque son códigos que se instalan y, al mismo tiempo, son prácticas cuyo destino es siempre incierto.

¿Será que esto de buscar pareja por Internet, por ejemplo, forma parte de un tipo de prácticas efímeras, que se diseminan con fuerza en la actualidad pero que luego se desvanecen más o menos rápidamente? Imposible establecerlo con certeza. En el período que transcurrió entre el momento en que comencé a trabajar en este texto y el día en que empecé a escribir esta introducción, sucedieron varios movimientos: se fortaleció la competencia de Tinder (que había estado primera cómoda entre las aplicaciones de citas); cayeron los porcentajes de asociación y uso de Facebook (que venía sacando distancia más amplia como la primera red social digital durante años y de manera transversal a distintas generaciones y clases sociales) sobre todo entre los jóvenes, pero aumentaron y se diversificaron los usos de Instagram y otras redes. No hay que perder de vista que se trata de empresas que están sujetas a los vaivenes de la competencia y a la capacidad que desarrollan para capturar la atención de las personas y para lograr su satisfacción como usuarios. Sin embargo la migración de los usuarios de unos sitios y aplicaciones a otros o entre diferentes redes sociales digitales, no le quita vigencia a la observación de que el espacio digital es un escenario en el cual cada vez más personas desarrollamos distintos aspectos de nuestra cotidianeidad, en especial la interacción con otros. Por otra parte, si bien la digitalización de los procesos de producción de la vida genera una aceleración de los tiempos y las duraciones, los estudios que realizamos desde hace casi veinte años permiten comprobar que hay algunos cambios que son más lentos que otros. Conversando con colegas que investigan sobre procesos de apropiación de tecnologías muchas veces manifestamos preocupación por la diferencia entre los tiempos de los acontecimientos, los tiempos del análisis y la escritura, y los de la publicación. Tememos que los análisis y caracterizaciones envejezcan rápidamente. Pero si bien ya hemos dicho que hay algunos datos que se alteran a gran velocidad, también hemos comprobado que las disposiciones, las actitudes, la formación de competencias y otros aspectos involucrados en la vinculación con las tecnologías y la construcción y usos del espacio digital se cuecen en general a fuego más lento. En particular me interesa señalar que las tendencias no son procesos lineales y homogéneos sino que involucran tensiones, conflictos, desigualdades y temporalidades diversas. Esta última es una premisa central en el análisis que desarrollo en los capítulos que siguen, así que seguramente retomaré más de una vez esa cuestión.

Vuelvo ahora sobre la pregunta respecto de la práctica de buscar pareja por Internet y otras relativas a las interacciones en el espacio digital. Decía que no es posible aseverar si son pasajeras. Pero lo que sí creo que se puede señalar es que son prácticas que arraigan en cambios sociales y culturales que van adquiriendo estabilidad: las transformaciones tecnológicas; los cambios respecto de los usos del tiempo libre —y de la propia disposición de ese tiempo en un escenario laboral también cambiante—; los hábitos ya consolidados de sociabilidad en línea; los nuevos modos de valoración y experimentación de aspectos tales como las relaciones interpersonales, las formas de la sexualidad, los usos del cuerpo y las diferentes expectativas sobre la conformación de una pareja, entre otros. Sobre esos procesos se configuran estas nuevas prácticas sociales/sociables y se redefinen los espacios.

Como puede verse hasta aquí, este texto asume que extendemos el campo de acción de nuestra vida cotidiana y que, a diferencia de otros períodos de la historia, actuamos en al menos dos espacios complementarios: el espacio territorial y el espacio digital. En ellos establecemos relaciones, trabajamos, hacemos transacciones diversas, realizamos recorridos, jugamos. Ambos tipos de espacios no pueden comprenderse únicamente como entidades físicas sino que son producciones sociales que involucran actividad material y simbólica. El espacio es producto de las relaciones sociales y tiene un carácter procesal, siempre en formación y en cierto sentido, inacabado (Massey, 2005). En pleno siglo XXI, las orientaciones de Simmel (2015 [1908]) continúan resultando fundamentales como pilares del recorrido que propongo: los fenómenos espaciales son construcciones sociales y las configuraciones sociales se espacializan. Para este sociólogo la espacialidad está construida por la experiencia sociohistórica y por la intencionalidad de los actores sociales. Y esta es otra de las premisas fundamentales en las que se apoyan las observaciones que presento en los próximos capítulos, sobre los modos como construimos el espacio digital al tiempo que actuamos y nos relacionamos en él.

A esta altura parece que puedo redondear cuál es el problema sobre el cual reflexiono en este libro y sintetizar cómo se desarrolla de aquí en más, con la expectativa de mantener inquieto el interés por la lectura.

En las páginas que siguen propongo un ejercicio de interpretación sobre el ESPACIO DIGITAL, al que entenderé como un espacio virtual creado por la actividad tecnológica humana (Rodríguez de Las Heras, 2004) y también por una serie de prácticas socioculturales, que expresan tensiones y desigualdades. Se trata de un espacio que tiene propiedades y leyes diferentes que las del espacio territorial.

Si bien el objeto de esta reflexión tiene una historia bastante actual, este ejercicio se inspira en orientaciones que produjeron pensadores que ya se consideran clásicos, como el propio Georg Simmel pero también otros, de producción más reciente, como Henri Lefebvre (1975ª), Pierre Bourdieu (1999) o David Harvey (1998). Ellos no focalizaron su atención en el espacio digital[3] (de modo que no hay que responsabilizarlos por las afirmaciones que hago aquí) pero todos, desde posiciones que encuentro complementarias, entienden al espacio como relación social y esto se impone como punto de partida inevitable e invita a recuperar sus aportes. Una de las principales contribuciones que creo que estos autores pueden realizar respecto de este ejercicio es la de ayudar a conceptualizar la condición material que entiendo que tiene el espacio digital[4], el cual, a primera vista, podría ser contemplado en su carácter abstracto y percibido sólo en términos ideales. Esa materialidad resulta de las teletecnologías y su proceso de construcción social[5] y, simultáneamente, de la densa red de interacciones y vínculos que establecemos en y a través de ese espacio, que se configura como trama espacial digital.

Para dar cuenta de esa materialidad introduzco dos caracterizaciones complementarias: una que describe flujos de relaciones humanas que se realizan total o parcialmente en línea; otra que enfoca una serie de interacciones e imaginaciones mediante las cuales actuamos el espacio digital.

Presento la primera de esas caracterizaciones en el capítulo dos, donde analizo distintas clases de conexiones y vínculos interpersonales que se producen en el espacio digital. A través del tratamiento de aspectos cuantitativos y cualitativos intento subrayar el importante peso relativo que estas relaciones tienen en la vida social. Y, al mismo tiempo, busco que el análisis ponga

---

[3] Atenderé, por supuesto, a contribuciones más específicas sobre el tema, como las de Castells (1998, 2000), Echeverría (1998) y un tanto más indirectamente, Levy (2004), entre otros.
[4] Aún si se lo considerara como pura información, aunque no es el caso de este análisis.
[5] Incluyendo todos los factores que hacen materialmente posible al espacio digital desde el punto de vista sociotécnico: el desarrollo tecnológico, los requerimientos y funciones atribuidas por parte de los actores diseñadores y usuarios a los dispositivos que permiten la construcción de este espacio, los saberes y discursos respecto de esas tecnologías y los que circulan por ellas, los dispositivos, etcétera.

de manifiesto de manera amplia que, al desarrollarse y sostenerse esos lazos en el espacio digital, lo constituyen y configuran como tal. En primer lugar enfoco la penetración que tienen los sitios y aplicaciones de citas en Argentina (y su posicionamiento a nivel mundial) y algunas de las implicancias que tienen sus usos, incluyendo características de sus públicos; en segundo lugar me dedico a las relaciones de pareja que se desarrollan entre la tierra y el ciberespacio, las relaciones a distancia que se originan dentro o fuera de Internet y se sostienen alternando encuentros presenciales con intercambios producidos en el espacio digital posibilitados por la teletecnología: analizo qué características tienen las acciones y contratos en esas relaciones, los usos del cuerpo y los dispositivos tecnológicos que lo expanden. Finalmente me dedico a distintos usos de las redes sociales digitales, teniendo en cuenta los tipos de vínculos, la publicidad de la vida privada, el alcance de las relaciones respecto del espacio territorial, entre otros aspectos.

En el capítulo tres, desarrollo la segunda de las caracterizaciones anunciadas, donde reflexiono sobre el espacio digital en tanto espacio vivido. Afino el zoom y poso la mirada sobre algunas de las maneras como habitamos el espacio digital y, al hacerlo, nos apropiamos de él y lo construimos continuamente. Apropiarse, decía Lefebvre (1975ª) no es tener en propiedad, sino hacer la obra, modelarla, formarla, poner el sello propio. Este habitar se caracteriza por la búsqueda continua de un espacio flexible. Simmel (2015 [1908]) sostenía que la individualización del lugar funciona como soporte de las relaciones sociales y opera sobre el sentimiento de seguridad que experimentan las personas aún en condiciones de desplazamiento. ¿Funciona esta afirmación para el caso del espacio digital? Orientada por esas definiciones identifico y analizo algunas formas de personalización del espacio digital y sus implicancias. Pero la lupa apunta también a hacer visibles otros aspectos que pueden pasar inadvertidos en tanto partícipes del proceso de construcción del espacio digital: acciones, interacciones y navegaciones. Algunos de los usos cotidianos del espacio digital que realizan las personas: sus recorridos, los "lugares" de encuentro y también la percepción que tienen sobre esos usos. Así, por ejemplo, observo modalidades de acceso a distintas capas de Internet y de participación en flujos digitales de relaciones (sociales, comerciales, políticas). Me interesa también identificar aspectos imaginarios que intervienen en este proceso. Por ejemplo, las maneras como trazamos mapas mentales sobre el espacio virtual digital ocupado por cada uno, cómo nos objetivamos como cuerpos "situados" en el espacio digital. O, en sentido más general, el modo como podemos pensar en un sistema espacial y concebir un croquis de ese espacio. Finalmente me dedico a distintos tipos de paisajes virtuales que podemos imaginar, producir y recorrer, como componentes o productos del espacio digital.

Un factor central de las caracterizaciones que introduzco en este texto es la idea que adelanté páginas atrás, cuando hablaba de las tendencias culturales. Trato de dejar en evidencia que los procesos analizados aquí no son lineales ni homogéneos sino que conllevan tensiones, conflictos y desigualdades. Dado que el objeto de la reflexión es el espacio (digital), se impuso pensar esas desigualdades como distancias. En el capítulo uno presento ciertas implicancias del desarrollo tecnológico en relación con los modos como experimentamos las distancias físicas, y describo algunos de los proyectos centrados en el control del espacio a través de las tecnologías. Uno de las cuestiones que repaso es la discusión sobre si se anulan o no las distancias y qué sucede entonces con las geografías. En el cierre, retomo la idea del espacio como relación social, introduciendo la postura de Bourdieu (1999) respecto de que tanto los individuos como las cosas ocupan un lugar en el espacio físico y también ocupan una posición en el terreno social y que entre una posición social y otra, existe una distancia.

Más allá de los comentarios y definiciones que planteo en ese primer capítulo, el esfuerzo está puesto en hacer visibles las distancias en los distintos aspectos sobre los que se detiene el análisis de manera transversal, a lo largo de todo el texto. Tanto respecto de los vínculos interpersonales mediados por tecnologías como de las acciones e imaginaciones a través de las cuales construimos el espacio digital, me importa subrayar que no todos accedemos, ni usamos, ni participamos de una manera estructuralmente próxima.

Simmel, por ejemplo, afirma que el espacio (en términos de proximidad o distancia) puede condicionar el carácter de la relación que se establece entre las personas ¿cómo se materializa esta idea cuando media el espacio digital, sostenido en dispositivos técnicos e interacciones sociales? Pero no solamente interesa analizar cómo distintos actores vivencian las distancias físicas o amplían su campo de acción y relacionamiento, sino también cómo operan las distancias sociales y culturales en relación con esas vivencias y posibilidades. Simmel había caracterizado a las sociedades modernas a partir de la posibilidad que tienen los individuos para desplazarse de un lugar a otro. Sin embargo sostenía también que la proximidad espacial no significa necesariamente cercanía social. ¿Qué carácter asume esta afirmación en un tipo de sociedad en donde la tecnología ofrece la posibilidad de estar cerca sin desplazarse? ¿Quiénes se desplazan y qué características tienen esos desplazamientos?

En los capítulos que siguen describo y analizo usos de redes sociales y listas de mensajería instantánea, estrategias para entablar citas en Internet, relaciones de pareja que se sostienen a través del espacio digital; exploro tipos de navegaciones y hablo de mapas del espacio digital. Casi no hay referencias a situaciones no deseadas: pedofilia, cyberbulling, citas que resultan en abusos, estafas virtuales, infidelidades al descubierto, y otras de distinta naturaleza. Que las hay, las hay (igual que en el espacio territorial). Pero en este caso busco dar cuenta de la conflictividad poniendo el foco no en esas cuestiones –sobre las que ya están desarrollándose buenos y variados trabajos de análisis y prevención– sino, de manera más estructural, en el modo como se construye el espacio digital a través de una participación desigual en las relaciones que se entablan en él.

También en el espacio territorial se manifiestan esas distancias. Hay en el mundo un conjunto de polos urbanos interdependientes y concurrentes entre sí en los que se concentran los flujos de intercambios globales: aeropuertos, carreteras de circunvalación, plataformas logísticas y de información, bolsas de valores, sedes de las grandes empresas, centros universitarios y de investigación. Sin embargo hay una cantidad de personas y colectivos cuyas vidas transcurren a distancia de esos centros, o en su periferia. Otro tanto sucede en el espacio digital y lo que propongo aquí es un acercamiento en cierto sentido micro físico, ya que enfoca núcleos de actividad humana muy propia de esta época, que pareciera a simple vista igualadora, pero que, examinada de cerca, pone al descubierto distancias que están naturalizadas y que en algunos casos se dan por obvias.

"20 minutos en el futuro" es una marca de época que para algunos de nosotros resultó indeleble. Un mundo tecnologizado, dominado por corporaciones, en el cual muchos viven completamente en los márgenes y usan los aparatos de televisión para prender fogatas que hagan más llevaderas sus vidas a la intemperie. Creo que hoy en día algunos paisajes distópicos están realizados. Pero se viven con menos dramatismo que el que mostraba Edison Carter. Tal vez en parte porque hay una ilusión de estar adentro, de que los márgenes se corren dejando cada vez menos personas afuera y porque los discursos pretenden instalar la idea de tendencia inevitable[6]: tarde o temprano, dicen, todos estaremos adentro del universo tecnológico. Sin embargo ahora seguimos teniendo grandes áreas geográficas sin conectividad, grandes porciones del espacio digital dominadas por minorías y vastas áreas de actividad interactiva signada por la distancia y la desigualdad. Este texto invita a que no perdamos de vista esas diferencias.

A lo largo de muchos años, decenas de estudiantes de la Licenciatura en Comunicación de la UNGS participaron en distintos proyectos de investigación sobre las relaciones que establecemos con las tecnologías digitales interactivas. Les agradezco especialmente sus aportes. También a mis colegas del Observatorio de Usos de Medios Interactivos y de la Red de Investigadores

---

[6] *The sound of inevitability*, planteaba The Matrix.

sobre Apropiación de Tecnologías, les digo que aprecio sus contribuciones y estoy orgullosa de trabajar con ustedes.

Capítulo 1
Tecnologías, espacio y distancias

Los usos de las tecnologías digitales interactivas (TDI) pueden ofrecer oportunidades para el acceso a la información y el desarrollo de proyectos de distinto tipo, pero también pueden consolidar unas distancias y brechas que se tornan cada vez más estructurales desde el punto de vista social y cultural. El marketing y la comunicación publicitaria, en tanto tecnologías de producción de creencias y colonización de la imaginación, suelen desviar nuestra atención respecto de esa situación. Incluso las políticas públicas mejor intencionadas pueden reafirmar algunos de los aspectos en los que sedimentan las diferencias, aun cuando dicen proponerse acabar con ellas.

Más adelante examinaré distintas dimensiones de la vida cotidiana en donde se manifiestan las distancias a las que me refiero, haciendo foco en algunas prácticas sociales y culturales atravesadas por los usos de esas tecnologías e intentando poner en evidencia algunos de los factores que podrían estar operando como promotores de la separación o como obstáculos respecto de los acercamientos deseables. Pero la relación entre tecnologías y distancias se produce y se manifiesta de diversas maneras, así que propongo comenzar revisando algunas de las construcciones más difundidas.

Teletransportadores

La idea de que las tecnologías digitales interactivas anulan las distancias se ha instalado fuertemente a la manera de axioma o de verdad indiscutida. Si hacemos una rápida revisión en cualquier buscador de Internet encontraremos muchos ejemplos de reflexiones sobre distintos temas que incluyen esta convicción en variados contextos. La relación entre el desarrollo tecnológico y el dominio del espacio no es nueva y está sujeta a una multiplicidad de condicionamientos. Uno de los inventos que ha tenido mayor impronta en esa relación ha sido el de la rueda, originada 4000 años antes de Cristo. En ese momento los vehículos rodados tenían usos rituales y ceremoniales y también se empleaban en la guerra. Explica Basalla (1991) que recién mil años después de su invención, la rueda comenzó a utilizarse en el transporte de bienes (por ejemplo, productos agrícolas). Pero esa función, asociada al recorrido de distancias, no se construyó de igual manera en diferentes contextos. En Mesoamérica, por ejemplo, las ruedas se usaban para la realización de objetos en miniatura pero no para el transporte de bienes. Según Basalla, las características geográficas no facilitaban la definición de caminos para ruedas y además no disponían de animales domesticados que pudieran tirar los carros. Dice que hubo un período en que durante mil años se reemplazó el vehículo rodado por el camello en Oriente próximo porque podía transportar más, más rápido, por menos alimento que el buey, no necesitaba caminos ni puentes y no desperdiciaba fuerza en el peso del carro. Más allá de las diferencias, no cabe duda de que la civilización occidental es una civilización centrada en la rueda: ha desarrollado el movimiento rotativo en el transporte y todas las obras de infraestructura que facilitan y aceleran el recorrido de distancias.

Sin embargo está claro que la idea de "anulación" de las distancias debería entenderse casi como una licencia poética. Estuve revisando un par de versiones de ficción, y vi que no funciona literalmente ni siquiera en ninguna de las dos modalidades de *teletransportador* más conocidas: tanto el de Star Trek (que convierte el cuerpo-materia en energía para que pueda viajar a través de cables u otros medios aéreos y ser recompuesto en otro destino) como el tipo agujero de gusano de Spiderman (que genera un flujo físico-químico que viaja como una onda que puede formar el agujero e incluso producir la evaporación de la masa que ingresa en él) desarrollan modalidades de recorrido hiperacelerado. Como no pueden anular las distancias (y tampoco pueden ignorarlas), buscan recorrerlas más rápido. Este es justamente uno de los efectos que se reconoce a las tecnologías digitales interactivas y que se refiere en ocasiones como contracción del espacio. La idea de que la distancia resulta de la asociación entre velocidad y tiempo se manifiesta explícitamente sobre todo en el caso de las telecomunicaciones. Es cierto que desde la invención de la escritura ha sido posible enviar mensajes y ejecutar órdenes a distancia[1], pero se requería la participación de mediadores (mensajeros). Al incorporar la electricidad en el telégrafo y el teléfono, las ondas eléctricas sustituyeron al mensajero y consiguieron, a través de un hilo conductor, la instantaneidad de la comunicación venciendo la fricción del espacio. Al pasar a las ondas electromagnéticas se logra eliminar el canal y la comunicación se difunde en todas las direcciones. Incluso las comunicaciones de datos existentes o creados a través de teledetección o satélites de reconocimiento. Estos procesos complejos se producen de manera acelerada y permiten unir dos o más puntos situados a enormes distancias en tiempos cada vez menores. Es comprensible entonces que se genere una sensación de anulación de esa distancia que, hace tan sólo algunas décadas atrás, únicamente podría haberse asociado con el universo de la ficción.

Desde el punto de vista de la "anulación" del espacio, una de las áreas de desarrollo tecnológico que más acerca la realidad a la ficción es la del campo de la telemática que posibilita la actuación física a distancia y en tiempo real, sobre todo en lo relativo a la transmisión de información. De alguna manera esto abre el camino a la telepresencia[2]. La medicina es uno de los campos que se beneficia de estas posibilidades, realizando cirugías a distancia. Los dispositivos de telepresencia vinculan sensores remotos en el mundo "real" con los sentidos de un operador humano. Estos sensores pueden estar instalados en un robot o en los extremos de algunas herramientas. Entonces el usuario puede operar el equipo como si fuera parte de él. Sin embargo hasta el momento, no deja de ser la *sensación* de estar donde no está mi cuerpo por medio de una escena creada por computadoras.

---

[1] Incluso antes de la generalización de la lecto-escritura, en los campos de batalla, se utilizaban señales visuales –como por ejemplo, banderines.
[2] Soy consciente de que este tipo de transformaciones impide separar del todo el espacio del tiempo. En este texto tomo deliberadamente la decisión de operar analíticamente estableciendo la diferenciación artificial. Al respecto, P. Sibilia expresó: "(…) la virtualización del espacio se conjuga con un desdoblamiento de la dimensión temporal: para aludir a la simultaneidad de dos presencias que prescinden de la materialidad de la dimensión espacial se hizo necesario agregar el adjetivo real al sustantivo tiempo. El tiempo real pasó a nombrar la versión digitalizada del aquí y ahora de la tradición analógica." Sibilia, P., 2005:16.

Perdidos en el espacio

Uno de los componentes centrales de la relación entre tecnología y control de las distancias ha sido el proyecto de la conquista del espacio y el imaginario que se desarrolló en torno a ese tema, sobre todo a partir de mediados del siglo XX.

En distintas civilizaciones se han generado desarrollos tecnológicos tendientes a producir acercamientos a los astros. Los aztecas, los pueblos de la India, China y la Mesopotamia, los griegos y los árabes calcularon las medidas de los astros y sus órbitas buscando precisar calendarios. Además tuvieron diversos logros como divisar y registrar eclipses solares y lunares, entre otros. Pero recién en 1609 Galileo construyó su primer telescopio, mejorando una versión de Jaques Badovere, y produjo un punto de inflexión en la relación entre tecnología y producción de conocimiento en general y del universo en particular (casi un oxímoron).

El interés por acercarse a las estrellas se ha sostenido a lo largo de la historia y en muchos casos ha estado asociado a la curiosidad por conocer si existe vida en otros planetas. Hay equipos de investigación que se dedican a indagar la impronta histórica de esa inquietud y encuentran indicios en pinturas rupestres de diez mil años de antigüedad en Valcamónica, en la provincia italiana de Brescia; en textos sánscritos y esculturas de la antigua India; o en las líneas de Nazca, en Perú, que se estima que fueron grabadas entre 300 a. C y 800 d. C.

Sin embargo fue a finales del siglo XIX cuando se produjo el primer motor cohete de combustión líquido, diseñado y producido por Pedro Paulet en 1897. Nacido en Arequipa, Perú, este ingeniero visionario (que también fue químico, artista y estadista), que se había formado en París becado por el gobierno de su país, fue el primero en construir un sistema de propulsión de cohetes modernos en 1900 y se lo reconoce como precursor de los diseños estadounidenses que permitieron efectivamente atravesar la distancia que separa a la Tierra de la Luna. La carrera por la conquista del espacio ha sido uno de los ejes centrales de la competencia entre Estados Unidos y la Unión Soviética durante la denominada "guerra fría", sobre todo a partir del lanzamiento del satélite soviético Sputnik en 1957. Las dos potencias buscaban realizar la exploración humana del espacio exterior y necesitaron desarrollar tecnología (satélites artificiales) que les permitiera hacerlo. Estos desarrollos tenían importantes implicancias desde el punto de vista militar y concentraron la competencia entre estos países que encarnaban modelos de organización social y cultural completamente diferentes. En ese contexto, la primera bandera que pudiera plantarse fuera de la Tierra, asumiría una significación especial.

Entre todos los mundos posibles que narran tanto la literatura de ciencia ficción moderna desde la primera mitad del siglo XIX como el cine de ciencia ficción (desde los inicios del cine mudo) y otros medios, el proyecto del viaje a las estrellas y del contacto con vida extraterrestre ocupa un lugar privilegiado. Pero más allá de la ficción, se han generado discusiones que han puesto en duda la veracidad de los alunizajes. En efecto, distintos autores han cuestionado los alunizajes del Programa Apolo de EE.UU., afirmando que fueron construcciones de la NASA en el marco de la carrera espacial,[3] y desde finales de 2000 la National Aeronautics and Space Administration se ha dedicado a presentar evidencias que ayuden a desestimar las denominadas "teorías conspirativas" e intentan probar que el hombre (norteamericano) ha caminado sobre la Luna.

La aldea global

Hasta aquí entonces, podemos afirmar, junto con Manuel Castells (2001), que el desarrollo tecnológico redefine la distancia pero no suprime la geografía. En todo caso, explica Castells, se produce una nueva forma de espacio, el espacio de flujos, que entabla conexiones entre lugares a través de redes informáticas telecomunicadas y sistemas de transporte informatizados. Este concepto permite pensar una nueva forma de organización material de la interacción social que es tanto simultánea como a distancia y que se produce a través de la comunicación en red apoyándose en la tecnología de las telecomunicaciones, de la comunicación interactiva y de transporte rápido. Para Castells, los nodos de las redes de comunicación ofrecen al espacio de los flujos una configuración territorial. Es decir que se trata de un espacio que no es indeterminado y que es material. Su estructura y significado depende de las relaciones construidas en el interior y alrededor de la red que procesa los flujos específicos de comunicación. "El contenido de los flujos de comunicación define a la red, y, por tanto, también define el espacio de los flujos y la base territorial de cada nodo". (Castells, 2001:948)

---

[3] Kaysing, B. y Randy R. (1974): *We Never Went to the Moon: America's Thirty Billion Dollar Swindle*, Health Research; René, R. (1994) *NASA mooned América*, Thomas, S. (2010) *The moon Landing Hoax:the Eagle that never landed*, Paperback.

Distintos dispositivos técnicos contribuyen a la expansión del espacio de los flujos en las estructuras de nuestra vida cotidiana. Por ejemplo, la telefonía móvil que, como cambia continuamente de referente espacial, condiciona la definición del espacio de interacción siempre en términos de flujos de comunicación: los interlocutores están en una enorme combinación de lugares. Pero esto no implica la desaparición de los lugares.

De todos modos estamos siempre señalando un tipo de transformación: los lugares siguen existiendo, pero la experiencia de la distancia se contrae y además las relaciones sociables pueden establecerse con independencia de esos lugares. Anthony Giddens (1994) había reflexionado sobre la repercusión de las comunicaciones instantáneas en la transformación que se produce en las relaciones sociales y la interacción, haciendo que ya no dependan de la presencia simultánea en un determinado lugar. Mientras que en un período anterior las interacciones requerían atravesar la distancia entre puntos situados en un espacio territorial tridimensional, en la actualidad las personas pueden relacionarse como si estuvieran ubicadas en un plano supraterritorial, dice. Estos serían, para el autor, rasgos del mundo globalizado.

Giddens (1999) atribuye una importancia significativa a las tecnologías de la información y la comunicación respecto del desarrollo y funcionamiento del proceso de globalización. Entiende que se trata de la optimización y expansión de los usos de los sistemas de codificación y transmisión binaria de información, tanto desde el punto de vista administrativo como mercantil y particular. Hace referencia a los códigos de barras, los soportes magnéticos, las tarjetas de crédito, los satélites de comunicaciones, los microprocesadores, cables ópticos y teléfonos celulares, entre otros dispositivos que facilitan la operación de los mercados intangibles (especialmente los financieros y tecnológicos) a escala global sin ningún tipo de barreras. Eso potencia la capacidad de recuperación y aceleración del ciclo de acumulación económica y, simultáneamente, al acelerar y difuminar la transmisión de información científica, cultural y estadística, también impulsa una innovación cultural generalizada.

La consideración del rol que juegan estas tecnologías en relación con el proceso de globalización varía de acuerdo con diferentes autores. Me inclino por la idea de que la globalización se constituye de acuerdo con una lógica estructural que se define por una compleja interacción de un conjunto de factores, entre los cuales se incluye como elemento complementario a las tecnologías de la información y la comunicación. Resulta de esa combinación de factores la coyuntura específica y localizada en un determinado momento histórico de un sistema que denominamos globalización. (Bernardo Paniagua, 2004)[4]

Pero lo cierto es que muchos de los discursos que difundieron la idea de globalización otorgaron a las tecnologías un lugar preponderante. A partir de un análisis crítico, Ortiz (2014) evoca a Theodore Levitt, pionero en el tratamiento de la globalización de los mercados en los años 80: "Una fuerza poderosa conduce al mundo en una dirección convergente, esta fuerza es la tecnología. Proletarizó la comunicación, el transporte y el viaje. Hizo que en los lugares aislados los pueblos empobrecidos se enorgullecieran de los aires de la modernidad. Prácticamente todo el mundo quiere las cosas que vio o experimentó a través de las tecnologías"[5]. La globalización tendería a unificar los mercados y se constituiría como una totalidad singular. Predomina dentro de este tipo de visión, dice Ortiz, la metáfora de un mundo plano en el que habla el lenguaje universal del consumo. Pero en el interior de los países se observa una segmentación que impone una perspectiva diversa desde el punto de vista del marketing, que reconoce a cada segmento una identidad y el requerimiento de una estrategia específica.

Una vez más se manifiesta la tensión que caracterizaría a este proceso de transformación: los lugares no desaparecen (en este caso los países con sus mercados internos segmentados), pero las distancias se acortan (los mercados tan próximos que diluyen sus fronteras y se homogenizan). Sin embargo, como sostienen Ramírez Fernández y Jiménez Álvarez (2005), la mayoría de las definiciones sobre globalización suelen destacar la transformación del mundo en un lugar único que es extenso y alcanza al conjunto del planeta y, al mismo tiempo, intensifica los niveles de interacción e interdependencia.

De esta manera, se generaliza la idea de que parece cumplirse la caracterización macluhiana de la conformación de la "aldea global", ya que muchas de las relaciones económicas, políticas, sociales y culturales,

---

[4] Más allá de la trascendencia que Giddens atribuye al desarrollo tecnológico, proponemos entender aquí a la globalización como la fase más reciente del capitalismo, que mantiene sus constantes estructurales y se adecua a las particularidades de las coyunturas aunque, en cierto modo, aparezca como un sistema diferente (L. Gill, 2002; K. Polany, 1997). Como sostiene Mattelart (1998, 2000, 2002), las infraestructuras tecnológicas y las implicaciones relacionadas con sus usos constituyen un factor del engranaje complejo de la sociedad, que obedece también a la lógica del capitalismo, que hoy en día se denomina global.

[5] Theodore Levitt, "The globalization of markets", Harvard Business Review, May-June, 1983, p. 92. Edición en español: Levitt, T., "La globalización de los mercados", en *Harvard Business Review,* N° 100, Bilbao. Referenciado por Ortiz, 2014: 135.

trascienden las fronteras. El mundo es entonces un espacio que resulta tan extenso como para incluir todas las partes, pero en donde las distancias se acortan y los capitales, los servicios, los productos, las comunicaciones, los productos culturales pueden desplazarse en cuestión de nanosegundos, sobre todo en el ciberespacio. Con el recurso de las tecnologías digitales se crean proximidades en la distancia y distancias en la proximidad, decía Beck, porque vivir en un único lugar no significa necesariamente vivir con los demás, y vivir con los demás no significa vivir en el mismo lugar (Beck, 1998).

Espacio, tecnologías y distancia social

Las geografías siguen existiendo, pero la experiencia de la distancia se contrae y además las interacciones pueden establecerse de manera cada vez más integral y ubicua con independencia de la copresencia. Eso no significa que se produzca una autonomía total respecto de las relaciones sociales, entendidas desde una perspectiva más estructural. Por el contrario, en los próximos dos capítulos presentaré algunas ideas que en parte se apoyan en la convicción de que el fenómeno espacial tiene una dimensión social que es indisociable de su dimensión física. Considero esa asociación en, al menos, dos niveles: el que aborda Simmel (2015 [1908]) comprendiendo la construcción y significación del espacio en las interacciones (ya comentado en la introducción) y el que desarrolla Bourdieu (1999) a partir de la noción de posición social. Los individuos y las cosas ocupan un lugar en el espacio físico y también ocupan una posición en el terreno social. Entre una posición social y otra existe una distancia. Además el posicionamiento espacial suele estar relacionado con la posición social (aunque evitaré la metáfora de que uno sea el reflejo del otro). Las distancias entre los grupos sociales, la dominación y la estratificación, se hacen también efectivas en el espacio físico, en donde tienden a naturalizarse. Por ejemplo, estamos acostumbrados a la distribución social del espacio en las ciudades. En Buenos Aires, la Avenida Rivadavia es una frontera que divide el norte del sur de la ciudad. A medida que se toma distancia de esa avenida hacia el norte, aumentan los precios de las propiedades y de los impuestos y también de muchos de los productos y servicios de consumo cotidiano. Por el contrario, a medida que se toma distancia hacia el sur desde esa avenida, los precios de las propiedades y de algunos impuestos tienden a disminuir. Cambia también la composición de la población porque se concentra en los barrios sureños mayor proporción de sectores de ingresos medio bajos y bajos y de personas inmigrantes de distintas provincias y países vecinos, entre otros. Efectivamente, la posibilidad de habitar un espacio se relaciona, en principio[6], con la posesión del capital. Pero no se trata únicamente del capital económico sino también del llamado capital cultural. Los espacios tienen reglas y códigos, áreas y fronteras, marcas de identidad y huellas históricas, aspectos que hace falta conocer y experimentar para poder "jugar de local" y distinguirse de los foráneos y de aquellos actores con los que algunos buscan hacer visible la distancia.

El espacio digital no es ajeno a este tipo de lógicas. Resulta de un proceso de construcción y actualización social en el que se ponen de manifiesto distintas posiciones sociales y en donde el capital cultural es uno de los factores de más peso, que no solamente influye sobre las modalidades de participación de los actores sino que establece quiénes permanecen al margen de esa otra esfera de la vida social actual. Analizaré algunos aspectos de ese proceso en los próximos dos capítulos.

---

[6] Más adelante consideraremos otros factores.

Capítulo 2
Vínculos interpersonales en la era de internet

Yo voyeur

¿Cómo afecta la mediación tecnológica a la constitución y sostenimiento de vínculos interpersonales? Esta parece ser una pregunta eterna y multivalente. Mensajes de boca en boca, chismes, rumores, telegramas, cartas, tarjetas de salutación, teléfono. Muchos son los medios y soportes que anteceden al teléfono móvil, las redes sociales digitales y otras tecnologías digitales interactivas que enfocamos hoy en día. La gente se envía mensajes inclusive a través de la radio y otros medios de comunicación de masas. Pero no cabe duda de que las tecnologías de la información y de la comunicación atraviesan nuestras relaciones generando cambios, ampliando el radio espacial de afectividad y minimizando el tiempo de separación (Mundo, 2014). Se puede, consecuentemente, ensayar distintas estrategias para generar respuestas a la pregunta sobre la tecnología, que es, a su vez, un conjunto muy amplio de interrogantes sobre cómo se imbrica la tecnología en la trama que vincula a las personas entre sí. Presento dos observaciones que me parece que pueden orientar los análisis y permitirnos, en definitiva, husmear con elegancia en la vida de los demás:

a. Cuando participa la mediación de TDI, los vínculos se construyen en, a través y alrededor de las tecnologías.

En el momento en el que, interesada por la cuestión de la sociabilidad, trabajaba en la investigación que resultó en la publicación de *Las Redes del Juego* (2008), me preguntaba si debía concentrarme en las relaciones que se formaban en y a través de los juegos en red o si debía analizar la vida social que se producía en los locales públicos de la periferia urbana donde se jugaba estos juegos (principalmente locutorios y cibercafés que hoy están en vías de extinción). En principio decidí enfocar los intercambios y los lazos que se generan en torno a la tecnología (y no a través de ella), sobre todo por una cuestión metodológica, ya que cuando iniciamos el trabajo de campo en 2004 no teníamos experiencia en etnografía virtual u otros métodos que pudieran resultar válidos y confiables. Entonces observamos las prácticas de juegos en red en ese tipo de locales a los que caractericé como *territorios* y constaté que se desarrollaba en ellos una intensa actividad social entendida como construcción de vínculos de distinto alcance y como intercambios potentes sobre los cuales se apoyaba el entretenimiento y la diversión. En ese marco busqué comprender los vínculos que se generan entre las personas cuando la tecnología aparece como motivación o como parte del entorno. Pero el dispositivo de sociabilidad y construcción de relaciones con el que nos encontramos resultó complejo e integraba casi de manera sistémica las dos dimensiones que pretendíamos mantener quirúrgicamente aisladas para favorecer nuestra aproximación analítica (el adentro y el afuera del juego/tecnología). Por un lado, fue necesario considerar las modalidades de relación que los jugadores establecen con los dispositivos de juegos en red para apropiarse de ellos y atender al hecho de que esas modalidades están condicionadas por las propias características de esa tecnología y de los juegos. Por otro lado se había hecho evidente también la complejidad del dispositivo de interacción ya que el JUEGO resultaba de la combinación entre el propio juego electrónico y las conversaciones y los intercambios que se generan en torno del mismo entre los jugadores y los observadores ocasionales. De manera que sostuve que, entendido desde el punto de vista de las relaciones que se establecen entre las personas, JUGAR EN RED implica, por un lado, conformar redes *a través* de la tecnología (el juego de las redes). Las redes que se construyen adentro o hacia fuera del local y que permiten que el juego en cuestión (en ese momento todos jugaban *Counter Strike*, pero podría ser cualquier otro) pueda llevarse a cabo. Los participantes se relacionan unos con otros formando equipos para competir o se relacionan unos contra otros (en equipos o de manera individual) compitiendo para ganar el juego que ellos operan de manera interactiva. Tenemos aquí Interacción a través de la interactividad. Pero JUGAR EN RED implica también, complementariamente, conformar redes *en torno a* la tecnología (las redes del juego), es decir, aquellas que se construyen dentro de los límites del territorio pero fuera de las máquinas y que consisten en un conjunto de intercambios y de conversaciones que se establecen para divertirse con otros, muchas veces a partir de oponerse explícitamente a otros. En este caso, entonces, interacción a través de la interacción misma[1]. Aun considerando los contextos y los cambios, destaco que este análisis nos enseñó que cuando nos preguntamos sobre cómo interviene la tecnología en la constitución y sostenimiento de vínculos interpersonales, conviene mirar la (al menos) triple dimensión de la trama compleja que se construye entre las personas y las tecnologías, entre las personas a través de las tecnologías (y condicionadas por ellas) y entre las personas más allá de las tecnologías (pero rodeadas por ellas).

b. Con o sin mediación de TDI, los vínculos interpersonales se construyen y sostienen entre la actividad y la abstracción.

Es cierto que la mera interacción, mediada o no por TDI, no garantiza la construcción de vínculos o puede dar lugar a lazos interpersonales de distinto tipo e intensidad o nivel de compromiso. Al analizar los vínculos más próximos y fuertes, me parece que puede ser interesante tomar en cuenta algunas dimensiones que impresionan como obvias pero que no siempre se consideran sistemáticamente y que De Grande (2010) hace visibles de manera clara y sencilla. Por un lado, la dimensión de la *actividad*. Producir una relación estrecha con alguien requiere hacer cosas con el otro compartiendo tiempos y espacios, invirtiendo energía física y psíquica. Conversar, pasear, jugar, trabajar, tocarse; las actividades situadas y sucesivas constituyen la materia dentro de la cual la relación se torna concreta. Por otro lado, la dimensión del *contrato* en la cual la relación se establece como nexo simbólico. Se trata entonces de una dimensión

---

[1] Es probable que si quisiéramos retomar estas observaciones en la actualidad, tendríamos que redefinir las unidades de análisis y de recolección, no solamente porque los locales públicos fueron desapareciendo a medida que fue extendiéndose el tendido de banda ancha, sino porque (en parte por razones asociadas a ese factor) se modificaron también las prácticas *en público* asociadas a esos juegos y la consolidación de la convergencia hace más sofisticado el dispositivo que interviene en la red de relaciones. Por ejemplo, mientras que en ese entonces solamente algunos pocos entrevistados conocían revistas sobre videojuegos de donde pudieran haber tomado ideas o trucos para sumar al intercambio, hoy en día muchísimos videojugadores consumen propuestas de *gamers youtubers*. Además, los propios juegos cada vez ampliaron el dispositivo dedicado a la interacción *on line*.

abstracta y atemporal en la que la relación se comprende como lazo afectivo y moral y como adhesión. Esta dimensión, complementaria de la anterior y transversal, da lugar a la institución de la confianza, el afecto, la gratitud y otras operaciones que constituyen la vida social.

Me parece que la consideración de estas dos dimensiones, la de la actividad y la del contrato, puede ayudar a caracterizar y comprender algunos aspectos de las relaciones interpersonales mediadas por TDI: qué tipo de actividades se realizan con el otro; cómo se produce y se vivencia la situación de esas actividades (tanto en el espacio territorial como en el espacio virtual y en la combinación y alternancia entre los mismos); cómo intervienen los tiempos y los horarios; cómo se experimenta la telepresencia, son algunas de las preguntas que pueden orientar la reflexión. Por otra parte, la dimensión del contrato parece ser fundamental también en la construcción y continuidad de los vínculos mediados por TDI ya que actúa con relativa independencia respecto de la copresencia y en distintas formas de contexto. O al menos instala un nuevo interrogante cuya respuesta habrá que buscar del mismo modo que planteaba en el apartado anterior, de manera compleja: cómo interviene la tecnología en la construcción de este nexo, en qué aspectos oficia de contexto y/o recurso, qué otros aspectos ajenos a las tecnologías condicionan las posibilidades de producción de este tipo de contrato. Contemplar las dimensiones de la actividad y el contrato en el establecimiento de vínculos interpersonales mediados por TDI debería permitir también visualizar cuáles son los factores que operan cuando se establecen las distancias entre quienes participan en este tipo de dinámica social y quienes no lo hacen. Porque no olvidemos que este libro se trata de cómo nos relacionamos en el espacio digital y, al hacerlo, lo construimos. En ese proceso, se ponen de manifiesto distancias que los usos de las tecnologías hacen cada vez más profundas y, en algunos casos, insalvables.

Veamos algunas de las manifestaciones de esas distancias en dos tipos de vínculos interpersonales: uno que se centra en el amor y otro que agrupa tanto relaciones de sociabilidad como de asociación por intereses comunes, sobre todo a través de distintos tipos de redes sociales digitales.

Ciberagencias: todo el mundo busca amor

El de la agencia matrimonial es un rubro que ha dado de comer a varios profesionales, pero que sin embargo no alcanzó a hacerse popular al punto de naturalizarse como recurso posible para encontrar el amor. La consultoría matrimonial se inició en la Argentina a principios de los 90 y las agencias más tradicionales continúan funcionando, apoyadas en su estrategia de hacer presentaciones presenciales entre personas a partir del análisis de sus respectivos perfiles. Una intermediación profesional que involucra honorarios y garantiza resultados. Ya en 2006[2] los consultores notaban que sus clientes eran cada vez más jóvenes (rondando los 30) y mejor posicionados desde el punto de vista económico y cultural: gente que trabaja mucho, tiene un buen pasar y no tiene tiempo para frecuentar a otras personas, entonces delega la búsqueda en los profesionales. Sumando las características del público y los honorarios de los consultores, se establece una línea de corte entre quienes están adentro y quienes están afuera de este sistema. Pero intervienen también cuestiones culturales relacionadas con el modo como se entiende el asunto de buscar pareja. Están quienes no se animan o tienen prejuicios respecto de las consultoras y las personas que las frecuentan. Además mucha gente considera que buscar pareja es algo que no puede delegarse sino que depende de los gustos y posibilidades de cada uno y prefiere tratar de ampliar su campo de acción para resolver el tema.

Internet ofreció una salida intermedia. El desarrollo de sitios en línea y aplicaciones para conocer gente o encontrar pareja, donde las personas se relacionan con distintas expectativas y resultados, lleva más de una década. En 2006 había una suerte de ciberagencias matrimoniales, sitios para brindar información o que funcionaban como los servicios casamenteros tradicionales. A través de estos sitios se promovían encuentros entre personas o se organizaban (y se organizan) salidas o eventos al estilo de los servicios de "solos y solas". Ya desde ese entonces existía una ciberagencia que aún hoy pone en contacto a mujeres argentinas con hombres europeos y estadounidenses dispuestos a mantener a una esposa tradicional que se ocupe de gerenciar la casa y educar a los hijos. En todos los casos seguía funcionando la intermediación profesional y los honorarios.

Pero poco a poco fueron conociéndose sitios internacionales que desarrollaron su inserción latinoamericana y, a partir de un servicio básico

---

[2] *Clarín* 24/02/06.

gratuito[3], lograron ampliar su repercusión ayudados por un contexto en el que Internet forma parte de la vida de cada vez más y más variadas personas. Un formato diferente en el que se elimina la intermediación del profesional y se ofrece un espacio virtual que permite ampliar el campo de sociabilidad e intercambio para intentar conocer personas y encontrar amores por propia iniciativa, a partir de la producción y el análisis de perfiles digitales.

Los números de una tendencia sostenida

En la actualidad, los sitios y aplicaciones tienen cada vez más usuarios. La mayoría de las informaciones que circulan se difunden a través de la prensa y de los propios sitios, y se refieren a los principales centros del mundo occidental. Por ejemplo una investigación publicada por el sitio Badoo.com en 2016 indica que cuatro de cada diez estadounidenses pasa más tiempo estableciendo relaciones en línea que de manera presencial, y otro tanto sucede en Reino Unido y en Alemania. Sin embargo esas proporciones se refieren a interacciones en general. Cuando apuntamos de manera específica a la búsqueda, conformación y sostenimiento de las relaciones amorosas o de pareja a través de Internet, se puede observar un crecimiento importante a lo largo de una década. Por ejemplo, en 2013 el Centro de Investigación estadounidense Pew puso en evidencia la tendencia que se viene constituyendo en poco tiempo respecto de la mediación tecnológica de los contactos. En el informe se destacó que en Estados Unidos seis de cada diez personas que utilizaban sitios de contactos del tipo Match.com, eHarmony, OK Cupid y similares, habían concertado encuentros con posibles novios. Ya entonces se había observado que el 23% de ese grupo se había casado o establecido una relación sólida de varios años. Además, más de la mitad de los entrevistados estaba de acuerdo con

---

[3] El hecho de que se elimine la intermediación profesional y de que se ofrezca un servicio básico gratuito no significa que deba comprenderse el cambio como un avance respecto de la igualdad de oportunidades en relación con el acceso a las tecnologías ni respecto del modo como las tecnologías pueden condicionar nuestras relaciones. Como dice Martín Santos (2014) "(…) lo que sí es disruptivo y nos enfrenta a nuevas prácticas tenebrosamente inhumanas es la actual forma de virtualidad esponsoreada, la mediación mercantilizada y opaca de esta virtualidad (…) los dueños de las plataformas por donde nos confesamos y establecemos nuestros vínculos íntimos son invisibles (…)". Eso no significa que no existan y que dejen de buscar sus beneficios ampliados.

que el uso de estos sitios es una buena vía para conocer a otros. Estos resultados indican un aumento en todos los aspectos analizados respecto de un estudio similar que la misma organización había realizado en 2005. En cuanto a la caracterización de los usuarios, se identificaba a personas que tienen entre 25 y 45 años, son universitarios y habitantes de ciudades.

En América Latina la tendencia también es sostenida. Un estudio de Groupon desarrollado en Colombia, Argentina, México y Chile, se refirió a los principales canales a los que acceden las personas para encontrar pareja. Parece que poco a poco van desarrollándose nuevas actitudes. Por ejemplo, en 2016 la mitad de los colombianos declaraba que Internet ha cambiado positivamente la forma de enamorarse. Todavía hay una mayoría (32%) que dice haber conocido a su pareja a partir de contactos facilitados por otras personas, pero cada vez más la gente confía en aplicaciones como Tinder (3%) o redes como Facebook (5%) como medios para conocer a su pareja.

En la Argentina se ha consolidado una migración desde los sitios web hacia las aplicaciones accesibles a través del teléfono móvil inteligente y, en ese contexto, Tinder hizo un proceso de posicionamiento acelerado. Es una aplicación para conocer personas y establecer citas que está presente en 196 países, y lidera el segmento mientras escribo estas líneas. El discurso institucional la define como una aplicación de descubrimiento social, para facilitar el hecho de que las personas puedan conectar más allá de las citas, para conocer amigos o gente con quien divertirse. Aclara además que no busca generar encuentros virtuales, sino que ayuda a concretar citas reales. Esta aplicación (y el resto de los sitios) conforma un dispositivo que involucra la triple dimensión a la que nos referíamos en la introducción a este capítulo, ya que implica una relación entre las personas y las tecnologías que necesitan operar; entre las personas a través de las tecnologías, porque es de esa manera como se producen los contactos; y entre las personas más allá de las tecnologías (pero rodeadas por ellas), porque se apunta a promover encuentros presenciales. Tinder cotiza en bolsa desde fines de 2015, valuado en alrededor de mil millones de dólares. En 2014 alcanzaba los cincuenta millones de perfiles registrados, formando sus cinco mercados más importantes a nivel global en Estados Unidos, Brasil, Inglaterra, Francia y Canadá. A mediados de 2016 los argentinos se posicionaban en el puesto nueve del top diez mundial de usuarios, con lo cual quedaban entre los más activos del mundo (sobre todo a través del celular). En ese momento, de acuerdo con informaciones brindadas por su Director de Negocios para Latinoamérica[4], Tinder estaba integrado por un 52% hombres y 48% de mujeres. Ya a principios de 2018, la Argentina es el segundo país hispanoparlante en cantidad de usuarios (después de México) y está dentro del top diez del ranking global. El 85% de los usuarios tiene entre 18 y 35 años.[5]

Más allá de este liderazgo, se ha formado una oferta nutrida y variada en el mercado, en donde se distinguen diferentes sitios y aplicaciones de uso gratuito, que ponen de manifiesto el desarrollo de una nueva ingeniería de encuentros en línea. Match.com (con cuatro millones de usuarios en la Argentina ya en 2010[6]), Badoo.com (con seis millones y medio de usuarios en la Argentina en 2014)[7], Loventine, son algunos de los que ya son clásicos y muestran que muchas personas ven en el sistema que los mismos ofrecen una oportunidad segura (en el sentido de menos expuesta) para ampliar sus posibilidades de sociabilidad y establecimiento de contactos. Una de las más recientes y que ha logrado más de un millón de usuarios desde 2017 es Happn (Buenos Aires se ubica top tres en un ranking de cuarenta ciudades). En la mayoría de los casos el usuario crea un perfil acompañado de al menos una foto y contacta con diferentes personas a través de distintas vías (mensajes, guiños, chat). Buscando posicionarse mejor frente a la competencia, cada sitio ofrece también ventajas diferenciales: por ejemplo, se propone la opción de elegir qué detalles del perfil mostrar y a cuáles usuarios; se brinda la posibilidad de ubicar a los usuarios por zonas de referencia; o se dispone de métodos a través de los cuales se presentan fotos de las personas que han enumerado intereses en común con el usuario, para que pueda decidir con quién encontrarse (se le pide que establezca criterios de búsqueda). Las empresas monitorean permanentemente a su público: sobre todo personas entre 25 y 35 años y, en segundo lugar, de más de 35; un poco más de hombres que de mujeres; personas con actividades, una buena proporción de las cuales tiene estudios superiores o secundarios. Entienden que los usuarios entran a los sitios con intenciones de entablar vínculos comprometidos, estables y que muchos buscan enamorarse. Le ofrecen entonces la posibilidad de brindar información para darse a conocer y acceder a información sobre otras personas, para poder contar con más recursos antes de la cita. En 2010, Martch.com identificaba entre sus usuarios a 73,14% de solteros; 18,02%

---

[4] Andrea Iorio para *La Nación*, 13 de febrero de 2016.
[5] Andrea Iorio, para *El Cronista*, 14 de febrero de 2018.
[6] *Clarín*, 29/06/2010.
[7] *Infobae*, 17/01/2014.

de separados y 4,17% de divorciados. En Tinder también identificaron a personas ya comprometidas que usan la aplicación, pero que constituyen una minoría (hay otras páginas dedicadas a segundas parejas). Además en este tipo de sitios se reconocen usuarios con todo tipo de preferencias sexuales; el público gay tiene la posibilidad de personalizar las búsquedas entre hombres o mujeres con sus mismas preferencias. Igual hay sitios específicos como Grinder, que concentra las preferencias de los hombres en ese segmento.

Estilo Tinder: un sistema que involucra distancias internas

Me interesaba mostrar estos datos para tener una idea sobre una modalidad que está extendiéndose cada vez más: las personas usan los espacios digitales para ampliar sus ámbitos de sociabilidad e intercambio, para conocer a otros con quienes pueden encontrarse luego y en relación con los cuales tienen, en general, la expectativa de enamorarse o al menos establecer algún tipo de relación.[8] Se trata de un sistema que, como sostiene Illouz (2007) invierte el orden en que se producen las interacciones románticas ya que las personas primero se conocen y luego se atraen. Estuve revisando varios de estos sitios y/o aplicaciones y constaté que suelen publicar lo que denominan "casos de éxito" e interpretan que ayudan a concertar más citas que las que las personas podrían establecer si salieran a diario. Pero además parece que el método resulta muy eficaz. Un estudio realizado por PNAS en EE.UU. sobre una muestra representativa de 19.131 encuestados que se casaron entre 2005 y 2012 establece que más de un tercio de los matrimonios que se realizaron en ese país comienzan en línea y que las parejas que empezaron en línea han mostrado una probabilidad ligeramente menor a la ruptura que las de inicios tradicionales (Caccioppo, 2013). No he podido acceder a información de

---

[8] Este tipo de prácticas da lugar a una serie de temores asociados a amenazas, usos potenciales y usos reales por parte de personas que buscan establecer relaciones no deseables por parte de los usuarios (violencia de género, pedofilia, acoso, etc.). No me dedicaré a analizar esa dimensión, que daría lugar a un tipo de trabajo focalizado. Aclaro únicamente que los distintos sitios se ocupan de establecer y ofrecer condiciones de seguridad y una suerte de capacitación para los usos de sus seguidores, sobre todo en materia de salud y seguridad sexual.

este tipo para el caso de la Argentina. Pero a partir de los datos publicados por las empresas y de las conversaciones con usuarios, se puede ver una tendencia en ascenso, que sin embargo no es homogénea desde el punto de vista sociocultural. Los intercambios que hemos mantenido con usuarios permiten percibir algunos rasgos del sistema que incluyen a unos y excluyen a otros. Señalo aquí algunos de ellos.

Por un lado está la cuestión del alcance de la gratuidad del servicio. La mayoría de los sitios y aplicaciones para conocer personas suelen ofrecer una serie de servicios gratuitos y otros que requieren un pago previo. Sin necesidad de pagar, los usuarios pueden acceder a la mayor parte de los servicios: buscar y encontrar otros usuarios dentro de su zona de residencia o bien dentro de un radio determinado; participar en los "juegos" para votar positiva o negativamente por el perfil de una persona (dependiendo de la app o el sitio varían de nombre: "encuentros", "votar", "descubre"); utilizar el servicio de mensajes con ciertas limitaciones (dependiendo del sitio, pueden contactarse de tres a cinco personas nuevas por día, a quienes se puede escribir hasta dos o tres mensajes); visualizar quiénes han visitado el perfil del usuario; acceder rápidamente a los "favoritos". Sin embargo hay una serie de servicios pagos ("cuenta premium", "super poderes", o "créditos" y "puntos") que le permiten al usuario ampliar sus posibilidades en materia de contactos; destacar su visibilidad y sus posibilidades de ser visitado o contactado; identificar a quienes le asignan "me gusta" y quién lo agrega como "favorito"; sus mensajes adquieren prioridad y puede entrar en contacto con los más "populares", entre otros beneficios. Es decir que el pago le brinda al usuario la posibilidad de posicionarse mejor para elegir y ser elegido con más chances de afinidad y más rápidamente. La evaluación de los precios varía de acuerdo con el poder adquisitivo de las personas, resultando con mayor peso relativo entre los que menos tienen. Pero también la modalidad de pago hace a la diferencia: usando tarjeta de crédito o celular se obtienen las mejores tarifas ya que se paga en moneda nacional mientras que otros sistemas como PayPal y GooglePay trabajan en dólares. De manera que aún entre quienes acceden al servicio, se establecen diferencias entre quienes pagan y quienes no, conformando una suerte de circuitos diferenciados de búsqueda.

Pero existen además otras diferencias que tienen un carácter sociocultural y simbólico y cuyas manifestaciones se apoyan, si se quiere, en el desarrollo de disposiciones y competencias mediáticas ya que las personas se convierten en verdaderos analistas del lenguaje visual. Como observadores atentos, los usuarios prestan atención a las señales que les permiten inferir el posicionamiento social de las personas (a atribuírselos a partir de sus propios elementos de juicio y sus prejuicios). Los consultados coinciden en destacar que analizan todos los detalles de las fotos publicadas para tratar de decodificar aspectos contextuales y rasgos sociales, además de las cuestiones estéticas. Analizan el contexto que enmarca a la persona en la foto de perfil, la ropa que tiene puesta, el maquillaje o el corte de pelo y otros aspectos a los que atribuyen signos de clase o posicionamiento social. Además perciben a través de la forma de escribir en el chat (redacción, ortografía, expresiones) o el modo de comunicación telefónica otros signos para la identificación sociocultural. Completan la radiografía apuntando al lugar de trabajo y de estudio que declara cada uno. Efectivamente, el modo como las personas realizan su autoescenificación a través de la construcción de los perfiles habla de distintos aspectos de sí, incluyendo algunas de sus características socioculturales.

En el marco de su descripción del "capitalismo afectivo", Illouz (2007) sostiene que las *redes románticas* configuran un yo posmoderno que trasciende el cuerpo y se modela con flexibilidad y apertura mediante un trabajo de autopresentación que responde a las leyes del mercado del amor. Desde su punto de vista, los sujetos se conciben como categorías puramente lingüísticas y asumen el concepto abstracto como lo real. Mundo (2014), por su parte, afirma que en el universo que asume como postmediático, los vínculos se originan con el conocimiento del texto mediático que el otro utiliza para presentarse. El yo corporal, dice, la presentación en persona, se convirtió en un ente premediático al que accedemos tardíamente.

Sin embargo creo que no debemos perder de vista que uno y otro tipo de presentaciones tienen un estatuto comunicacional. Entiendo que las bases que había sentado Goffman (2001 [1959]) tienen vigencia para interpretarlas. Al presentarse en la interacción, el sujeto busca producir impresiones en el otro, lo cual impone posibilidades y límites a la acción intersubjetiva. El autor entendía a la relación como asimétrica, por distintos motivos. Por un lado, el actor le pide al otro que crea que posee los atributos que dice poseer, lo cual no depende exclusivamente de su "efectiva sinceridad"[9]. Pero además, entiende que el sujeto que actúa controla únicamente algunos de los aspectos de su actuación, de la comunicación de esos atributos, mientras que el testigo de su actuación puede

---

[9] El modelo contempla una suerte de tensión entre el reconocimiento del carácter asimétrico del proceso de comunicación y el supuesto del consenso en la definición de la situación de interacción.

percibir otros aspectos "ingobernables" de la conducta expresiva (como gestos, movimientos, usos del espacio). En todo caso, podemos decir que estas corrientes de comunicación son siempre intersubjetivas y los factores que intervienen en la definición de la situación tienen un carácter sociocultural complejo. Si asumimos esas orientaciones veremos que en la presentación mediática (sobre todo, tal vez en la fotografía) el testigo tiene un poco menos de acceso a los aspectos "ingobernables", pero esto no significa que quien realiza la autoescenificación tenga control personal total, en la medida en que se mantiene inevitablemente en el ámbito de la representación. Las fotos de los perfiles se producen del modo como cada uno cree que tiene que componerlo, muestran lo que cada uno cree que tiene que mostrar para ofrecer una imagen de sí que impresione al tipo de personas que le gustaría llegar. Pero, por un lado las operaciones de autoobservación para la construcción de la imagen de sí y la presentación ante los demás, son del orden de la conciencia y, en todo caso, involucran el acceso al nivel superficial de la construcción especular. Y, por otro lado, la selección de componentes de su producción no es personal en el sentido de exclusivamente individual sino que está atravesada por marcas de clase además de cuestiones generacionales y de preferencias, entre otras. Y las lecturas serán diferentes según el posicionamiento del lector. Frente a una foto en donde se ve a una mujer treintañera luciendo ropa muy ceñida al cuerpo y dispuesta en una pose explícitamente seductora, un espectador centra su atención en la figura e ignora el contexto, destaca los atributos de la protagonista y le pone inmediatamente un corazón; mientras que otro espectador dirige su mirada directamente al fondo en donde se ve una pared sin revoque y unos cables a la vista y marca una cruz, descartando de entrada toda posibilidad de intercambio porque asocia a la persona de la foto con un ámbito del cual pretende distanciarse.

Illouz (2007) sostiene que a partir de este tipo de sitios el encuentro virtual se organiza conforme a la estructura del mercado, en donde operan la elección y la competencia. La persona participa en un enorme catálogo en donde los demás eligen y revisa los perfiles ajenos intentando elegir a alguno. Pero las investigaciones demuestran que, como en otras clases de relación de pareja, en los intentos en línea las personas buscan eliminar las distancias, no solamente las de tipo geográfico sino también las de capital cultural y, en menor medida, económico. (Tello Navarro, 2015; Lardellier 2004, 2012).

De acuerdo con los datos publicados, los sitios constatan que convocan principalmente a personas jóvenes y adultas, de ambos sexos, preferentemente con estudios secundarios en adelante y posicionados en los sectores medios de la sociedad, para arriba. Sin embargo los usuarios consultados perciben que es un ámbito típico de los sectores medios de la población, con presencia de personas partícipes de los segmentos que definen como medio bajos. Todos coinciden en que no hay presencia de personas pertenecientes a los segmentos socioeconómicos más bajos. Una presunción que sostienen es que en esos sectores el acceso a Internet es menor. Sin embargo con la generalización del acceso a través de la telefonía celular, esa limitación se reduce cada vez más y es posible que en muchos casos estén operando cuestiones culturales del tipo de las que analizaremos más adelante, cuando nos dediquemos al modo como se conforman los entramados digitales. A ese respecto adelantamos que hemos observado que cuanto más asciende el nivel socioeconómico y los recursos culturales de las personas, menos resistencias manifiestan a incursionar con otros que se desenvuelvan en ámbitos diversos y más ajenos. Por el contrario, la cercanía geográfica otorga a los entrevistados de menores recursos no solamente la posibilidad de gastar menos dinero al trasladarse hacia una cita, sino la sensación de tranquilidad que brinda una mayor probabilidad de proximidad cultural.

Teleamor

Los amores a distancia no son un invento del siglo XXI. Sin embargo es indudable que hay una serie de cambios recientes en las modalidades de relacionamiento y algunos de esos cambios tienen que ver justamente con los tipos de distancias que se interponen entre los integrantes del vínculo. Interesados por algunas de esas transformaciones. Beck y Beck-Gernsheim (2012) estudiaron las relaciones amorosas y de parentesco entre personas que viven en distintos países o continentes o entre personas que proceden de distintos lugares y analizaron la conformación de lo que denominan "familias globales". Si bien esas familias pueden adoptar diversas formas, tienen en común el hecho de representar las diferencias del mundo globalizado. Dicen los autores "vivimos en un mundo en el que es frecuente que las personas queridas se hallen lejos, y que nos sintamos alejados de los que viven a nuestro alrededor." (Beck y Beck, 2012: 16) Enfocaré en este apartado en particular las relaciones de amor (o lo que más se aproxime a eso) entre personas que viven lejos una de otra y que han iniciado y sostienen su relación a través de Internet (al menos en parte). Internet ha posibilitado que se generen cambios en el modo como se configuran y sostienen los vínculos interpersonales profundos tanto en la dimensión de la actividad como en la del contrato.

Ya habíamos visto que Internet es un espacio en donde las personas se cruzan y se conocen entre sí formando redes y comunidades de intereses, jugando, produciendo contenidos. Muchas veces esos cruces resultan en parejas. Pero, como vimos en el apartado anterior, también sucede que Internet se constituye en un espacio importante en donde la gente específicamente busca pareja. Una vez que logra establecer un contacto, se planifica y se genera un encuentro presencial que, desde el punto de vista del amor, puede convertirse en el inicio de una relación o pasar a formar parte de una lista de intentos fallidos. En todo caso, por más novelescas que resulten, se trata siempre de relaciones cuyas actividades y contrato se realizan en el denominado "mundo real". Pero existe un tipo de relaciones amorosas que es propio de esta era y que se caracteriza por desarrollarse total o parcialmente en el espacio digital. Me dedicaré solamente a estas últimas.

Entre la tierra y el ciberespacio

Muchas de estas relaciones se inician en Internet, en sitios de citas pero también en diversos otros tipos de espacios virtuales: juegos, comunidades de intereses, redes sociales, foros, entre otros. Puede darse el caso de que por distancias de distintos tipos, incluida la espacial, las personas desarrollen una relación en la cual Internet juega un rol fundamental. Y si bien es cierto que siempre hubo relaciones a distancia, Internet introduce posibilidades inéditas que repercuten tanto en el nivel de la actividad como en el del contrato de la relación. Personas que viven separadas por miles de kilómetros pueden compartir actividades en tiempo real: pueden verse las caras y conversar sobre sus estados de ánimo; ver una película "juntos" y comentarla simultáneamente; pueden escuchar un partido y gritar los goles casi al mismo tiempo, pueden participar en una conversación con un amigo común a través de videoconferencia, pueden elegir juntos productos para comprar en una tienda virtual (compartiendo el pago) y otra lista interminable de acciones ubicuas o eventualmente sucesivas, en todo caso un poco discontinuas si las personas viven en localidades de distintos usos horarios. Pero no es seguro que pudiera decirse que esas actividades fueran *situadas*, al menos no en el sentido territorial. ¿Dónde se sitúan esas actividades? ¿Ahí donde están los cuerpos individuales de cada uno? ¿Ahí donde no están sus cuerpos pero están sus acciones? ¿En todos esos espacios?

Georg Simmel (2015 [1908]) entendía al espacio como una construcción más allá de las configuraciones euclidianas. Para él son las interacciones sociales las que generan sentidos sobre el espacio: cuando dos personas se relacionan recíprocamente, el espacio cobra existencia y completa el vacío que preexiste a la relación. Factores subjetivos intervienen en la producción de determinados efectos espaciales porque son los significados que se generan los que construyen los límites que incluyen o excluyen a otros, la proximidad con el vecino, la distancia con el extranjero. Si bien el espacio se concibe como representación humana, es siempre de carácter sociológico. Las acciones recíprocas entre dos individuos o grupos sociales implican tanto una zona "entre" ambos como distintos "trozos" a cada lado. Se trata entonces de hechos sociológicos con forma espacial (Álvarez, 2010). Ya veremos en el capítulo siguiente, en donde analizo el espacio digital como red de interacciones, que me parece que esa espacialidad asume una materialidad. Y con esa presunción vuelvo sobre la pregunta respecto de dónde se sitúan las actividades que realizan los teleenamorados. Me parece que nos encontramos ante un tipo de situación completamente inédita en la historia de la humanidad. En el teleamor el marco de la relación define un mundo con normas propias e incluye tanto los trozos a cada lado (las territorialidades) como también el "entre" ambos (virtual). Cuando Marc Augé presentó la idea de "no lugar"[10] la opuso a la de lugar entendido como ubicación geográfica. Pero también reconoció en el lugar otros atributos que permiten pensarlo como espacio de identidad, relacional, histórico y de simbolización (Augé, 2000 [1992]). ¿Quién podría negar esos atributos al marco del teleamor? A través de las actividades situadas entre el territorio y el mundo virtual, la relación construye su identidad, se crea y define a sí misma, despliega su red de relaciones y, al mismo tiempo, produce y consolida el marco complejo en el que se realiza. Cada uno en su "trozo" territorial trabaja, estudia, hace su vida con sus amigos y familiares quienes, a su vez, tienen suficientes elementos como para asumir que se trata de una persona

---

[10] Se refería a unos espacios definidos por el tránsito de los individuos, en donde las relaciones y la comunicación son artificiales. La idea ha sido ya discutida, por ejemplo por Korstanje, 2006.

que está en pareja de manera estable con alguien que vive en otro lugar (otro "trozo") y que incluso puede formar parte de un mundo cultural completamente diferente. El hecho de mantener esa modalidad de relación hace parte de la identidad de cada uno de los miembros de la pareja y es, inevitablemente, un rasgo que no pasa inadvertido para los demás. Por tratarse justamente de unos tipos de prácticas y de relaciones propias de lo que podríamos llamar "un mundo en transición", algunos de esos otros tienen dificultades para representarse la vida de pareja así planteada: la satisfacción, la felicidad, la contención, la posibilidad de compartir los distintos aspectos de la vida cotidiana cuando media la distancia y la fría tecnología. Incluso pueden generar resistencias y rechazo frente a un modelo de esa clase. Otros, en cambio, no solamente van "naturalizando" esa forma de relación, sino que además participan como amigos o como familiares en el universo que la pareja crea pivoteando entre los territorios y el espacio digital: forman parte de sus redes sociales digitales y comparten informaciones, saludos y distintos tipos de contenidos, incluso se saludan por alguna plataforma audiovisual o tienen encuentros, actividades y salidas presenciales cuando se da la oportunidad en cada lugar.

Pero ya dijimos que las relaciones no solamente se apoyan en la dimensión material de las actividades sino también en la dimensión simbólica del contrato, que resulta fundamental en la construcción y continuidad de estos vínculos que pivotean entre el espacio digital a través de la mediación tecnológica y la copresencia alternada y discontinua que pueda producirse en cada uno de los territorios implicados. Se instala entonces un nuevo interrogante cuya respuesta habrá que buscar del mismo modo que planteaba en el apartado anterior, de manera compleja: ¿cómo interviene la tecnología en la construcción de este nexo?, ¿en qué aspectos oficia de contexto y/o recurso?, ¿qué otros aspectos ajenos a las tecnologías condicionan las posibilidades de producción de los distintos componentes de este tipo de contrato?

En principio, en el tipo de relaciones de las que estamos hablando, Internet aparece como el espacio privilegiado para el establecimiento y sostenimiento de una conexión dialógica entre las personas, a través de la cual pueden descubrir que comparten gustos, inquietudes, temores y otras maneras de ver el mundo. Un descubrimiento que les produzca atracción mutua. En algunas de las entrevistas que estuve realizando este factor es altamente valorado. Los entrevistados y entrevistadas sienten que conversan mucho más, con mayor profundidad, sobre mayor diversidad de temas y, en especial, sobre cuestiones personales con la persona con la que han contactado a través de Internet y con quien finalmente han decidido iniciar una relación, que con otras personas a las que han conocido personalmente a través de distintas vías y con las cuales no han podido generar las condiciones de comunicación apropiadas. Sin embargo en la mayoría de los casos llega un momento en que, por más fluido que sea el diálogo, las personas sienten que necesitan un encuentro presencial (el cual, muchas veces involucra grandes esfuerzos económicos, logísticos y de repercusión sobre terceros) y también sucede que es recién en esa instancia en donde se produce el contrato, o donde el contrato cambia de signo. Más allá de que hayan mantenido videoconferencias en las cuales hayan podido verse el uno al otro, en el tipo de relaciones al que estoy refiriéndome (a diferencia de otras relaciones que se producen y se mantienen exclusivamente en la virtualidad) suele suceder que es en el encuentro presencial en donde se forma (o al menos se ratifica) la pareja: se da de baja al contrato de amistad y se inicia uno nuevo que implica un tipo de compromiso diferente, que los partícipes deberán sostener a la distancia y en donde la tecnología oficia como condición de posibilidad. Sin embargo, si bien la tecnología tiene ese rol fundamental, no parece imponer su marca a la dimensión del contrato en la que destacan los mismos componentes que operan en cualquier relación de pareja: las visiones compartidas sobre el mundo y la generación de proyectos en común pero también la confianza mutua, el respeto, la fidelidad (como sea que la definan los partícipes), la gestión de los celos. En todo caso será la distancia en sus distintas manifestaciones (espacial pero también cultural y social) la materia en la que se construyen y diriman las dificultades del contrato, independientemente de que medien las videollamadas o el clásico intercambio epistolar. Aunque también es cierto que la posibilidad de ver al otro a la distancia al tiempo que se escucha su voz, mirarlo a los ojos aunque sea a través de una pantalla, genera una sensación de mayor proximidad que, sin embargo, mantiene esa etapa de la relación (la virtual) en el plano discursivo.

El cuerpo distante

Una de las cuestiones que hace a la diferencia en este tipo de relaciones y que da lugar a distintas reflexiones es la que se refiere al rol que juega el cuerpo y al modo como se experimentan las emociones. Como veíamos en el apartado anterior, si uno de los enamorados está en una ciudad y el otro está en otra, en el momento en que "están juntos" en el espacio digital, en realidad están donde no están sus cuerpos. De manera que en relación con muchas de las actividades que realizan, se produce una supresión del cuerpo o al menos una ausencia. Este tópico es quizá uno de los más recurridos en la reflexión sobre las relaciones amorosas a través de Internet. Una de las posiciones que se identifican es la que sostiene Illouz (2007), para quien en el amor la presencia inmediata del otro tiene una gran importancia. Para la autora es por medio del cuerpo como manifestamos nuestros sentimientos; el amor es corporal, concreto, inmediato, por eso se ubica en el plano de lo que no puede decirse. La persona amada no es una entidad virtual, o sea que si no está presente, el amor pasa por hacer presente a quien está ausente. Lo que cambia con la tecnología es el significado de la presencia.[11] Otra postura es la que podría decirse que retoma la convicción de Lardellier (2004) respecto de que lo virtual crea emociones de igual intensidad que lo real. De manera que, desde esta perspectiva, las emociones participan en el proceso de búsqueda y en la relación de pareja online y tienen distintos tipos de manifestaciones: ansiedad y alegría, desilusión, tristeza (Lardellier 2012: 2004; Kaufmann 2012; Ardèvol 2005; Raad 2004; Tello Navarro, 2015). Enguix y Ardèvol (2009) directamente sostienen que no hay des-corporalización en esta mediación tecnológica sino re-corporalización, una representación del cuerpo a través de distintos lenguajes y recursos: fotografías, íconos, dibujos. Tanto en el sexo virtual (Ben-Ze´ev 2004) como en el proceso de búsqueda de pareja por Internet, los intercambios tienen fuerte repercusión emocional.

El hecho de que el cuerpo se virtualice no lo hace menos real. Como señala Mundo (2014) la virtualidad es una potencia del cuerpo y una dimensión de lo real y es de la virtualidad de una persona de la cual nos enamoramos. En todo caso podríamos decir que una diferencia innegable que se produce respecto de otras modalidades de relación es la ausencia (o disminución) del contacto físico, a pesar de que algunas sensaciones físicas puedan transmitirse o producirse a través del estímulo afectivo, el erotismo, la confrontación. En algún sentido esta característica se ha interpretado desde el punto de vista de una cierta liberación. Lo virtual

---

[11] Sánchez Escárcega (2005), analizando las nuevas formas de vinculación por Internet a partir de postulados freudianos referidos a las propiedades de las pulsiones (meta, objeto, magnitud), establece que los vínculos mediados por "la máquina" (desde el chat hasta la pornografía electrónica y el cibersexo) pueden contribuir al aislamiento del sujeto en mundos virtuales y lejanos.

nos permite, como alternativa simbólica, liberarnos de las exigencias de lo físico, de los límites del cuerpo (Santos, 2014). En algunos casos se considera que la pantalla actúa como un biombo que impide discernir criteriosamente lo falso de lo verdadero, la máscara del rostro. (Levis, 2014) Pero me parece que este tipo de lecturas, que se asocian en general con la construcción de una imagen de sí a través de los perfiles, tiene una repercusión diferente cuando se trata de una relación estable, entre personas que se sienten cerca unas de otras a pesar de la distancia y de la mediación tecnológica. En todo caso el sentido liberador sería respecto del imperativo del contacto: no necesito el contacto físico regular y/o permanente para sentirme unido al otro.

Sin embargo, si bien no pretendo participar en la discusión sobre si el cuerpo queda adentro o afuera y las consecuencias que se generarían en cada caso, me parece que cuando la mediación tecnológica forma parte de la relación es inevitable la pregunta respecto de cómo interviene el denominado sistema háptico. El concepto fue definido por Gibson (1966) como la percepción que tiene el individuo del mundo adyacente a su cuerpo a través del uso de su propio cuerpo. El sistema de percepción háptica puede incluir los receptores sensoriales ubicados en todo el cuerpo y está relacionado con sus movimientos. Desde esta perspectiva, se obtiene más información cuando un plan de movimiento está asociado al sistema sensorial (contacto activo).

En un sentido más general y filosófico, estas concepciones pueden vincularse con el planteo de Maurice Merleau Ponty cuando afirma que el cuerpo no es un objeto en el espacio, sino la condición de todas las experiencias del ordenamiento espacial del mundo de la vida. En la *Fenomenología de la percepción*, Merleau Ponty entiende que la espacialidad del cuerpo no es de posición sino de situación, lo cual implica concebir que en el *aquí* se instalan las primeras coordenadas o lo que él denomina "el anclaje del cuerpo activo en un objeto, la situación del cuerpo ante sus tareas."[12] Desde este punto de vista, el cuerpo asume un rol fundamental en nuestra relación de conocimiento con el mundo y con los demás[13] y, de alguna manera, es este rol el que está en juego en las discusiones respecto de las relaciones mediadas por tecnologías.

---

[12] Merleau Ponty, M. (2000), *Fenomenología de la percepción*, Barcelona, Península, pp.117. (1ª ed., *Phénoménologie de la perception*, París, Gallimard, 1945).
[13] Recordemos que estas consideraciones se enmarcan en la intención de Merleau Ponty de instalar la concepción del *ego percipio* por oposición al *ego cógito*, y con ello, demostrar que el 'pienso' se funda en el 'percibo'; que la actividad 'predicativa' (la del mundo conocido) se funda en una actividad 'antepredicativa' (la del mundo vivido).

En el extremo de las concepciones sobre la relación cuerpo-tecnologías digitales se encuentra la idea de la desmaterialización. Tanto en diversas manifestaciones artísticas plásticas y visuales como en la literatura han proliferado imágenes con pretensión de señalamiento de una tendencia inevitable e irreversible. Para Iván Mejía (2014), en ese dominio el cuerpo se ha convertido en algo virtual en consonancia con el abandono del cuerpo biológico. Una de las corrientes más enfáticas en ese sentido es el denominado *Transhumanismo*[14] que aventura que pasaremos a un sustrato puramente digital a través de un proceso que llama "transmigración" y que consiste en transferir a un software las funciones del cerebro. La computadora activaría las capacidades cognoscitivas y podría crearse un cuerpo "desmaterializado", como pura información, datos y dígitos. Pero la idea del traspaso de los límites del cuerpo no es privativa del arte y la ficción. El investigador de la Universidad de Coventry, Kevin Warwick (2014) realiza desarrollos en pos de la digitalización del cuerpo. Busca codificar las sensaciones, los pensamientos, los movimientos o los signos de emoción para digitalizarlos y retransmitirlos. Ha realizado varios experimentos en los que él mismo ha sido protagonista.[15] Desde una perspectiva menos intervencionista, a finales del siglo XX, Derrick de Kerckhove (1999), discípulo de McLuhan, anticipaba los cambios que llevarían a la trascendencia de los límites corporales, analizando el modo como el ambiente tecnológico opera sobre nuestro propio proceso de constitución. Sostiene que a partir del entorno, las tecnologías se arraigan profundamente en nuestra condición sensorial y promoverían la configuración de "un nuevo hombre" en el cual el cuerpo y la mente trascenderían sus propios límites a partir de las extensiones físicas que proveen las tecnologías.[16]

Sin embargo no creo que sean fenómenos de ese tipo, ni siquiera que marchen en esa dirección, los que están implicados en este tipo de relaciones que pivotean entre el espacio digital y la territorialidad de los partícipes. Relaciones que se inician y /o se ratifican y además se sostienen en una necesaria copresencia, aunque sea de manera alterna y esporádica, no nos hablan de un abandono de los cuerpos. No obstante,

---

[14] Puede consultarse, por ejemplo, http://www.transhumanismo.org/

[15] Ver http://www.kevinwarwick.com/

[16] No me referiré aquí a todo el imaginario cyberpunk en literatura y cine, ni a las discusiones y desarrollos sobre la intervención tecnológica de los cuerpos tanto desde el punto de vista estético como médico o biotecnológico, que sin dudas son motivo de una reflexión ya en curso desde hace décadas, pero que desvía nuestra atención respecto del tipo de relaciones que estoy tratando de considerar.

sí llaman la atención sobre cierto tipo de transformaciones que estamos tratando de comprender en el mismo momento en el que están produciéndose. Es evidente que el hecho de que el cuerpo en su materialidad quede afuera de muchos de los intercambios (a veces la mayoría) que producen los miembros de la pareja y que esto se entienda como "lo usual" o "lo normal", porque forma parte de este tipo de relacionamiento, habla de cambios que podrían estar afectando la sensibilidad, el deseo y otras implicancias primarias relacionadas con el contacto físico. De allí que me refería al sistema háptico.

En sus estudios sobre la comunicación no verbal, Givens (2005) prestó atención al cortejo que podría conducir al amor, y lo definió como el conjunto de mensajes no verbales diseñados para atraer a la pareja sexual. Tomó nota de que durante el cortejo intercambiamos gestos no verbales donde los participantes se indican mutuamente que pueden acercarse cada vez más hasta llegar a tocarse. Desde su punto de vista se trata de un proceso que integra distintas fases: la fase de la atención, la del reconocimiento, la de la conversación y finalmente las fases hápticas: la del contacto físico y la de hacer el amor. La fase del contacto avanza desde un primer estadio casi accidental hacia abrazos, señales de intención de contacto o de deseo de besar, etc. Otro tanto sucede en el juego amatorio que incluye distintos tipos de estimulaciones táctiles. Todos sabemos que el contacto a través de caricias, masaje suave o besos, permite también calmar cualquier tipo de sentimiento de temor o aprensión. Entonces, ¿cómo sobreviven estas relaciones sin este componente? En el discurso de nuestros entrevistados parece traslucir la idea de que el contacto físico no les resulta imprescindible, que con las dosis que producen en los períodos de copresencia les resulta suficiente. Muchas veces se transmite como un cierto rasgo de personalidad en donde se verifica, si se quiere, una suerte de disposición a la discursividad. Sin embargo, las diferentes parejas avanzan, en materia de mediaciones, desde el puro diálogo a través de la tecnología hasta la incorporación de gadgets hápticos, pasando por distintas estrategias representacionales de estimulación.

Deseo, ciberestimulación y dispositivos hápticos

Afirmar que el deseo es una construcción social implica concebir que nuevos tipos de prácticas sociales que van desarrollándose con el tiempo, pueden producir nuevas formas de representaciones del deseo. Los vínculos del tipo que estamos analizando ponen de manifiesto la instauración de formas inéditas de realización del deseo a través de relaciones eróticas en las que se elide el cuerpo material y que dan lugar a nuevas satisfacciones y frustraciones.

Durante mucho tiempo, los amores a distancia se apoyaron en intercambios epistolares de distintos tipos. En el caso de la cultura hispana, por ejemplo, durante el siglo XVII hubo gran proliferación de cartas amorosas en Europa (aunque hay algunos manuales que enseñan cómo escribirlas, que fueron redactados a mediados de 1500), tanto en la corte como en ambientes menos cultos, populares e incluso carcelarios. Algunas de esas cartas llevaron a los juristas a analizar la validez de las promesas de matrimonio hechas a través de la correspondencia (Pfretzschner, 1679, citado en Colón Calderón, 2012). En ese entonces, podían identificarse varias señales de erotismo en esos intercambios, aunque tanto en las cartas particulares como en las que forman parte del discurso ficcional de las novelas de la época las referencias están encubiertas. Se usaban ciertos vocablos cuyo significado sexual está documentado y podría ser comprendido perfectamente por los destinatarios de los mensajes, aunque no se tratara de significados literales.

Cientos de años después se desarrollaron los usos eróticos del teléfono, una vez que se instalaron las centrales automáticas en los años 20, pero sobre todo a partir de las conferencias sin operadora introducidas en EE.UU. alrededor de 1960 y en España después de 1970. (Eisenberg, 1997) Tal parece que las primeras conversaciones eróticas por teléfono eran las que establecían los amantes separados, sobre todo de esposos que viajaban por negocios. Tiempo después se desarrollaron diversos negocios que proveían servicios sexuales mediados por esta tecnología, que alcanzaron su máximo esplendor en la década de 1980 en Estados Unidos y primera mitad de 1990 en el resto de Occidente.

En la actualidad, muchas de las personas que establecen relaciones a distancia desarrollan estrategias de distinto tipo para mantener una actividad de estimulación erótica y sensual mutua, que les permita sostener de alguna manera el deseo durante los períodos en que no están juntos, cuerpo a cuerpo.

Uno de los medios más desarrollados es la práctica del cibersexo, que se vale de distintos recursos que ofrece Internet para excitar y ser excitado por otra persona. Los miembros de la pareja pueden mantener una comunicación continua, viéndose y hablando en directo, creando un ambiente de intimidad y erotismo. Manteniendo una relación digital sólida, los amantes pueden desear, gozar, excitarse, inducir orgasmos. Como sostiene Esther Díaz (2007) la relación es real (aunque no actualizada) porque lo virtual produce efectos concretos. Uno de los factores que interviene en esta corriente de transformaciones que estamos tratando de caracterizar es el estatuto que asume la autoestimulación. A través de una serie de imágenes, palabras, sonidos, los distintos medios y pantallas brindan material imaginario para la masturbación. Dice Díaz que el sexo individual está a tono con una cultura hiperindividualista, en la cual recibe la garantía de la tecnociencia y el estímulo del mercado. Habría una revalorización de la masturbación como forma sexual cada vez más aceptada socialmente (previene embarazos no deseados y contagio de enfermedades, entre otras ventajas), aunque pagando el costo de prescindir de la piel, los olores y otros beneficios del contacto físico.

Sin embargo en este tipo de relaciones que pivotean entre el territorio y el espacio digital, es la pareja, del otro lado de la pantalla y/o del auricular, quien se ofrece como recurso para el erotismo y participa en un juego que es mediado, sí, que se sostiene en la autoestimulación de cada uno (de cada cuerpo), pero que no es individual. El juego de seducción, el componente amoroso, el intercambio sexual a la distancia y con múltiples mediaciones, forma parte de la cotidianeidad de este tipo de parejas durante los períodos en que no pueden estar copresentes, uno con el otro.

De todos modos a partir del propio desarrollo tecnológico va generándose recursos que permiten un acercamiento a la experiencia del tacto/contacto a través de diferentes dispositivos. Justamente algunos de esos dispositivos se denominan interfaces hápticas: se trata de un conjunto de conexiones que permiten el contacto a distancia a través de la estimulación de sensaciones no visuales y no auditivas. El sistema de percepción háptica puede incluir receptores sensoriales ubicados en todo el cuerpo y está muy relacionado con el movimiento por lo cual puede tener una repercusión directa sobre el mundo que el sujeto está percibiendo. Las interfaces hápticas permiten al usuario tocar, sentir y manipular los objetos simulados en entornos virtuales y sistemas teleoperados. La creación de sensaciones hápticas virtuales, con diferentes calidades de percepción, es una realidad que puede llevarnos a pensar el cuerpo situado de una manera transformada y, por consiguiente, con un efecto ordenador del espacio también distinto. La idea mcluhiana de nuestra percepción extendida y con ello, la ampliación de nuestras posibilidades de contacto activo (asociando virtualmente el plan de movimiento al sistema sensorial) ya es, desde el punto de vista tecnológico, una posibilidad efectiva.

Una vez más, se puede asociar ese conjunto de recursos con la actividad sexual individual. De hecho ya están en el mercado distintos tipos de dispositivos que se manejan a distancia usando el teléfono inteligente, como masajeadores y vibradores para uso personal. Otro tipo de *gadgets*, en cambio, están pensados justamente para las relaciones a distancia, como un desarrollo al que llaman masturbador on line, que propone aplicar caricias, presión y movimiento a un dispositivo y la otra persona puede sentirlo a miles de kilómetros de distancia a través de la mediación de Internet.

¿Cómo se sienten las lectoras y los lectores en relación con este tema del teleamor? Es posible que haya quienes no se sientan familiarizados y hasta experimenten cierto extrañamiento. Vivimos tiempos en los que mantener amores a distancia se hace cada vez más factible. Las tecnologías digitales interactivas nos permiten contactar y conocer a personas que viven en diferentes lugares y en el marco de diversas culturas; compartir momentos muy vívidos a través de la telepresencia; expandir nuestro sistema sensorial para participar en novedosas experiencias conjuntas. Cada vez más personas forman y mantienen sus relaciones de pareja en parte a través de las tecnologías. Y es probable que ese tipo de vinculaciones progrese con el tiempo. Sin embargo, una vez más, creo que no es posible pensar en esa progresión como una tendencia uniforme, homogénea y cierta. Algunas distancias interfieren en ese vector potencial. Por ejemplo, ya he referido a los distintos alcances que consiguen los contactos y relaciones de nuestros entrevistados y entrevistadas de distintos segmentos sociales y emplazamientos geográficos. Cuanto más alto el nivel socioeconómico, más amplio resultaba el radio y diversidad. El hecho de que las tecnologías nos permitan contactar con personas de distintas procedencias, no significa que los contactos se realicen efectivamente de manera igualitaria y se sostengan. Pero además, no todos están dispuestos a (y/o en condiciones de) relacionarse con un Otro muy diferente, que puede inclusive hablar otra lengua, cuya cultura tenga que conocer y comprender al tiempo que se construye el vínculo. Relaciones a distancia hubo en otros momentos de la historia y hoy como entonces rige también la pauta de que no todos estamos preparados para estar juntos de esa manera. Algunos requieren necesariamente la copresencia continua. Entre otros aspectos, porque no pueden sostener el contrato de la relación. Y aquí no se trata de cuestiones tecnológicas ni de condicionamientos de clase sino de factores de personalidad y culturales que intervienen en la construcción de la confianza mutua y los compromisos a distancia.

Otro tanto se relaciona con la cuestión del cuerpo. Hablamos de relaciones en las que, por momentos, el cuerpo se hace volátil hasta casi desaparecer del espacio territorial para materializarse, tecnológicamente extendido, en el espacio digital. Simultáneamente, la obesidad se consolida como problema social en el mundo. En la Argentina la obesidad adolescente creció de 17.9% a 27.8% entre 2007 y 2012 y se comprobó que los adolescentes de nivel socioeconómico bajo tienen un 31% más de probabilidades de sobrepeso que los de nivel socioeconómico alto.[17] Cuerpos más pesados y voluminosos en el espacio territorial, sobre todo en algunos segmentos sociales. Habrá que estudiar qué relaciones existen entre estos dos fenómenos que conviven, antes de hablar de tendencias. Pero también habrá que estudiar cuáles son los factores que operan (las distancias que se construyen) entre quienes pueden y eligen prescindir del contacto físico regular en su relación de pareja; entre quienes pueden y eligen incorporar sensaciones hápticas virtuales como componentes de la relación y quienes no. Aspectos de indudable vigencia en el mundo actual, pero lo suficientemente nuevos e inexplorados como para sintetizarlos como narrativas e interpretarlos como viaje de ida.

Redes sociales digitales

Los usos de las redes sociales digitales, que se extendieron transversalmente a diferentes pertenencias sociales y culturales, implican procesos de reorganización social complejos y diversos y constituyen uno de los ámbitos más activos del espacio digital. Las personas participan en redes de sociabilidad, en redes profesionales, en algunas que convocan intereses compartidos, y les dan distintos tipos de usos. El fenómeno de las redes sociales digitales puede visualizarse como una marca de época, en un momento en el que algunos cambios se aceleran y en el que las marcas pueden tornarse menos indelebles. Sin embargo la transversalidad no garantiza la homogeneidad y, como me interesan las distancias y diferencias, me centraré en algunos aspectos: ¿qué características tiene la penetración de redes sociales en la Argentina?, ¿qué tipos de usos hacen personas que

---

[17] FIC Argentina y UNICEF (2018).

pertenecen a sectores de menores ingresos?¿Cómo repercuten esos usos en las relaciones interpersonales?

Los números de la Argentina en las redes

En la Argentina, la penetración de las redes sociales digitales es masiva, si se considera su población total. De acuerdo con un estudio de Carrier y Asociados publicado en julio de 2017, en la Argentina había veintitrés millones de usuarios de Facebook y sólo un 3% de los que usaron en algún momento dejaron de hacerlo. Aunque el descenso salta a la vista si se consideran datos anteriores, el fenómeno de uso era y continúa siendo significativo. Según datos reportados por Facebook para 2015[18], la Argentina era el quinto país a escala global (luego de Corea del Sur, Emiratos Árabes Unidos, Hong Kong y Singapur) y el cuarto en cantidad de horas diarias (3.2 promedio) dedicadas al uso de redes sociales digitales. De acuerdo con esa información, veintisiete millones de argentinos (62%) usaba estas redes y casi la mitad del total de la población lo hacía a través de telefonía celular. Este dato no debería llamarnos la atención si se toma en cuenta que, de acuerdo con la Cámara de Informática y Telecomunicaciones de la República Argentina (Cicomra), en nuestro país hay más celulares que personas: cincuenta millones; y la penetración del servicio de 4G alcanzaba a mediados de 2018 el 37% de las 15.6 millones de líneas activas que utilizan redes LTE[19]. Todos los análisis reconocen el primer lugar de Facebook (42%) y a mucha distancia se colocan los competidores, comenzando por Google+ (20%). Sin embargo es interesante notar que se observa un crecimiento paulatino de Instagram y Twiter (que proponen usos diferentes) a partir de 2014. En marzo de 2016 Twiter afirmaba tener 11.8 millones de usuarios en la Argentina, la mayoría a través del celular (aunque según Guilherme Ribenboim, vicepresidente para América Latina, no se trata de una red social sino de una red para hablar públicamente de los intereses de cada uno[20]).

---

[18] Y analizados por distintas organizaciones como WeAreSocial, Comscore, ONUInternet WorldStarts, GSMA INtelligent, entre otras.
[19] Long Term Evolution. Estándar para comunicaciones inalámbricas de transmisión de datos de alta velocidad para teléfonos móviles y terminales de datos.
[20] *La Nación*, 14/03/2016.

Un estudio de mil casos realizado en Estados Unidos a principios de 2018, indica que el 91% de usuarios que tiene entre 18 y 24 años de edad es activo, pero sólo el 51% utiliza estas plataformas de manera habitual o frecuente. En 2017 Facebook perdió 2.8 millones de usuarios menores de 25 años en EE.UU. y se estima que perderá 2.1 millones en 2018. Otro tanto sucede con Instagram y Snatchap. En la Argentina, Twiter demostró una pérdida significativa de usuarios en las mediciones de mediados de 2017 y un leve repunte en las del primer trimestre de 2018. Es posible que estén produciéndose migraciones entre redes que, de todos modos, habrá que analizar cómo se manifiestan en distintos lugares del mundo y en el interior de cada país.

Efectivamente, estos procesos pueden tener características y tiempos diversos en distintos lugares. En junio de 2016 UNICEF publicó un informe en el que se afirma que seis de cada diez niños, niñas y adolescentes argentinos se comunican usando el celular y ocho de cada diez usan Internet.[21] El 95% de los entrevistados abrió al menos un perfil en Facebook, la red social más extendida. Dicen que la usan poco pero que no la abandonan y que preferirían canales menos frecuentados por los adultos (sobre todo los padres y otros familiares). En segundo y tercer lugar de sus menciones aparecen Twiter e Instagram.

Todas esas observaciones están en consonancia con la tendencia que veíamos en un estudio cualitativo y cuantitativo que hicimos en el Observatorio de Usos de Medios Interactivos (OUMI) durante 2014 y 2015 en el área periurbana de Buenos Aires, a través del cual constatamos que la conectividad aumenta sostenidamente porque las personas acceden a Internet a través de la telefonía celular (el 82% de la muestra), pero no solamente entre los jóvenes sino en todos los grupos de edad, sexo y NSE.[22] Y cuando analizamos los usos que se hacen de Internet, el de las redes sociales aparece como el de mayor peso relativo, a tal punto que en algunos casos llega a constituirse en sinónimo de ingreso a Internet.

---

[21] Sostiene que entre los chicos de nivel socioeconómico alto, el ingreso a Internet comienza a los siete años mientras que entre los de nivel socioeconómico bajo, se produce a los once. El teléfono móvil es el dispositivo más usado para navegar por la web, sobre todo entre los adolescentes de NSE alto. Los chicos con menos recursos son los que más usan los cibercafés (en donde la conexión es más cara). UNICEF (2016) Chicos conectados.

[22] En el caso de los segmentos D1 y D2 alcanza el 70% y se constituye en la principal vía de acceso (a diferencia de lo que indica la medición posterior de Unicef). OUMI 2015

Internet, redes, usos y distancias

Propongo entonces focalizar esos casos. ¿Hay una tendencia sostenida al acceso a las tecnologías digitales interactivas? Sí. ¿Hay una tendencia sostenida a la conectividad? Sí, sobre todo con la difusión de la telefonía celular. ¿Es decir que hay cada vez más gente en Internet? Indudablemente. Pero, ¿qué hacen las personas en Internet? Esta es una pregunta cuyas respuestas hacen visibles múltiples distancias.

Entusiasmados por la dirección que van tomando los acontecimientos, algunos analistas retomaron el término *prosumidor*, que había acuñado Toffler en 1980, para explicar que ya no somos meros consumidores de contenidos como en la era en donde predominó el *broadcasting* (la comunicación de uno a muchos como la que ofrece la televisión o la radio, por ejemplo) sino que también somos creadores, productores. Surgen otras categorías como la de *produsuario* (Bruns, 2008) e incluso tipologías (Urresti, 2015) que destacan una amplia gama de posibilidades en materia de producción de contenidos diversos, desde informaciones y diseños especializados hasta canales de TV personalizados; desde nuevos formatos textuales hasta sencillos perfiles en redes sociales. Ya no hace falta entonces ser un especialista en medios, periodista, científico divulgador, productor ejecutivo, realizador o cualquier otra figura especializada para asumir la posición del productor, sino que cualquier hijo de vecino puede crear y poner a circular contenidos. Aparece así una nueva área de estudios para muchos investigadores que abordan las narrativas transmedia, los nuevos formatos textuales y las transiciones a nuevos ciclos en el marco de la ecología de los medios.

Las tecnologías digitales interactivas ofrecen la posibilidad de abandonar la posición más bien receptiva (entendida como se la entendiera de acuerdo con la teoría que se prefiriera) que había caracterizado al consumidor de medios hasta Internet. Eso no significa que otra posición se adopte de hecho (aún en el marco del innegable entorno tecnocultural en el que nos desenvolvemos) ni que se haga de manera igualitaria ni que todo lo que hagamos en Internet pueda comprenderse como producciones.

De todas maneras, a pesar del avance en el análisis de las diferencias que se observan en trabajos como el de Urresti –que clasifica diferentes tipos de prosumidores en función de la complejidad y alcance de sus producciones– me parece que tendríamos que ir más allá y saber quiénes son estos usuarios que tienen las suficientes disposiciones, competencias tecnocomunicativas, afinidad cultural, capital simbólico y todo el conjunto de recursos que se requiere para formar parte de ese universo prosumidor.

En base a los resultados de nuestro estudio[23] (y en diálogo con investigaciones recientes como las mencionadas) puedo presentar algunas impresiones sobre las motivaciones de estos usos. Pero como me interesa especialmente tratar de comprender las distancias que se producen en relación con las tecnologías y en torno de ellas, tomaré en cuenta sobre todo un conjunto de entrevistas en profundidad que hicimos a personas que podríamos incluir entre los segmentos correspondientes a la clase media baja y la clase baja (D1, D2 y C3). Enfocaré en particular la manera como se establecen los vínculos entre las personas y un problema que ha dado y da lugar a discusiones: ¿por qué las personas publican aspectos de su vida privada en Facebook?[24]

Internet, información y comunicación

Comencemos estableciendo un primer punto de partida: las personas tienden a representarse a Internet como un medio de información.

Entre los entrevistados más jóvenes hicimos el ejercicio de caracterizar a Internet como si fuera una persona. Los participantes le atribuyeron diferentes rasgos, entre los que destacan dos ideas: una de ellas es la de la inconmensurabilidad, la infinitud, la falta de límites. La otra, la de una inteligencia muy grande. Internet sería una persona infinita y súmamente inteligente, capaz de hacerlo todo y muy capacitada, muy completa. Desde la mirada masculina se incorpora un componente de misterio: una persona con secretos y muy atractiva. La imagen que se construye es la de un repositorio infinito, de donde se "saca" una enorme cantidad de información. Toda la información está depositada allí y solamente hay

---

[23] El estudio consistió en: a) Una encuesta realizada mediante técnica de recolección "cara a cara" y cuestionario semi estructurado, con una Muestra Intencional de 152 casos que incluyó a personas residentes en hogares de los partidos de San Miguel, José C. Paz, Moreno y Malvinas Argentinas, en el Área Metropolitana de Buenos Aires. b) Entrevistas en profundidad a personas de distintas edades y de ambos sexos, residentes en hogares cuyo principal sostén tuviera como máximo nivel educativo secundario incompleto. El trabajo de campo se desarrolló entre septiembre y diciembre de 2014.

[24] Facebook es la red social digital en la que se basa nuestro estudio de usos de redes sociales ya que es la que aparece sistemáticamente mencionada como la principal en la vida de nuestros entrevistados y encuestados.

que tomarla. Hay menos ideas, sin embargo, respecto de los modos de producción de la información, de los distintos sujetos que la producen, de las modalidades de distribución. Además, los entrevistados no se reconocen a sí mismos como productores de información, aun cuando se trate de usuarios que generan cierto tipo de contenidos, especialmente a través de las redes sociales digitales.

Pero si bien la caracterización más espontánea de Internet es la que se asocia con la información, ya dijimos que el uso más generalizado de ese medio entre nuestros entrevistados es el de las Redes Sociales Digitales.

Un dato interesante que publica el informe de UNICEF que mencioné anteriormente es que además de las relaciones con amigos, Facebook y Twitter se usan como medio de información (51% de los adolescentes). Pero cuando analizamos la versión de nuestros entrevistados respecto de para qué usan esas redes sociales digitales, podemos reafirmar la construcción de Internet como medio de comunicación y de entretenimiento.

La idea de comunicación que se construye es compleja e integral. Podría decirse que combina los distintos sentidos que se han estabilizado a lo largo del tiempo y que luego se han asociado a aspectos funcionales. En primer lugar aparece un uso comunicacional entendido como "estar en contacto con otros" y que se refiere a menudo como "estar conectado": comunicarse con parientes a la distancia, chatear con amigos. En segundo lugar, aparece un sentido más asociado a la etimología de comunicación: compartir, poner en común. Es cierto que la manera como se construye en el discurso de los entrevistados parece pivotear entre ese origen y una actitud más difusionista: "Sirve para compartir lo que hacés. Que se vea". En tercer lugar, y con menor peso relativo, aparece una dimensión informativa de la comunicación (más emparentada con el dato que destacaba del informe de UNICEF). Se trata efectivamente de una dimensión que se observa menos desarrollada en el discurso de los entrevistados y que se presenta en general desde la posición del receptor: "enterarme de qué pasa en el mundo".

La idea de entretenimiento con la que se asocia el uso de las Redes Sociales digitales, en cambio, es menos compleja. La imagen más espontánea con la que se lo vincula es la de "pasar el tiempo". Sin embargo la comunicación parece asumir también un rol en esta dimensión ya sea como conversación o como mero contacto.

Contactos y amigos

El término *contacto* asume una significación particular cuando se refiere a las Redes Sociales digitales, como Facebook. Por un lado se reconoce un primer funcionamiento como NODOS que pueden considerarse en términos cuantitativos: una red se compone de una serie de contactos (entendidos como actores que conectan entre sí), de manera que cuanto mayor sea el número de contactos, mayor será el alcance de la red. Desde los inicios de los usos de las redes sociales digitales, la configuración de una red amplia (o mejor, la acumulación de un alto número de contactos) se ha manifestado como una motivación importante de los usuarios y ha llegado a asumir un valor simbólico manifiesto. En los talleres que realizamos con estudiantes de secundaria de barrios periféricos, encontramos ese tipo de motivaciones asociadas a la conformación de listas de mensajería tipo Whatsapp. Sin embargo en más de una oportunidad se emplea el término *contacto* como sinónimo de *amigo*, de connotación más cualitativa. Es cierto que esta tendencia a la homologación se ha modificado asimismo con el paso del tiempo y, es posible que simultáneamente, se haya modificado también la propia conceptualización del amigo (dentro y fuera de este tipo de redes).

En principio propuse tomar como parámetros de interpretación los modos como la percepción de familiaridad y cercanía aparecen en el discurso de los entrevistados, condicionando la conformación de los vínculos y su conceptualización. Tanto en base a las entrevistas como a la encuesta se advierte que, a través de las redes, nuestros entrevistados amplían en parte su ámbito de acción, interacción y producción de sentido pero, al mismo tiempo, establecen relaciones que refuerzan el universo próximo. Los resultados de la encuesta indican que se relacionan con personas que residen en su zona: el Gran Buenos Aires (91%). El área de las redes, el ámbito de acción, tiende a ampliarse conforme aumenta el nivel socioeconómico (NSE): los entrevistados de NSE bajo se relacionan con personas del Gran Buenos Aires (o, cuando mucho, con parientes que residen en otras provincias o países limítrofes), solamente los de NSE medio alto mencionan personas de otros tipos de países. El uso predominante de las redes sociales es el chat (91%). En todos los casos (incluyendo telefonía *on line*, de menor penetración) se priorizan las personas del ámbito familiar y amigos. Quienes chatean fuera de la zona de residencia lo hacen con conocidos y pertenecen sobre todo al NSE medio alto. Solamente un

20% de los encuestados participa o ha participado alguna vez en foros en donde intercambian con desconocidos.

La diferencia entre contactos y amigos no se construye en el discurso de los entrevistados. Sin embargo, se hacen visibles dos diferenciaciones que están vinculadas entre sí: la primera es entre conocidos y desconocidos; la segunda, entre vida real y actividad en las redes. Tanto estas diferenciaciones como otro aspecto que podemos denominar "el factor confianza", condicionan la construcción de posiciones. En primer lugar hemos constatado que entre nuestros entrevistados se destaca una mayor actividad de contacto e intercambio con los denominados "conocidos", sobre todo en lo que respecta al chat y a la visita de perfiles. Los conocidos, a su vez, son en general personas a las que se conoce directa o indirectamente en la denominada "vida real". Entre ellos cuentan los amigos, pero también los compañeros de trabajo, parientes, amigos de amigos, etcétera.

Un aspecto que nos había llamado la atención es que hay personas que consideran que a través del uso de Facebook logran conocer mejor, percibir mejor a sus conocidos; la situación de comunicación que configura la mediación tecnológica les permite dimensionar hasta qué punto y en qué sentido son considerados por el otro. Y en ese caso, los recursos que entran en juego son los que el propio medio establece: el uso del "me gusta", los comentarios en el muro personal, los comentarios en muros ajenos, etcétera.

Los desconocidos, en cambio, son contactos que se establecen exclusivamente a través de las redes sociales digitales y no las trascienden. Sin embargo podemos decir que esta modalidad de vinculación es dinámica, al menos en dos sentidos: 1) Las relaciones pueden cambiar de estatuto. Hay quienes sostienen que pueden lograr altos niveles de conocimiento de una persona aunque sea únicamente de manera virtual. Se entiende que es posible establecer grados de conexión personal incluso mayor que con personas con las que se intercambia en la vida cotidiana *off line*, aunque no hemos tenido relatos que refieran, por ejemplo, a relaciones amorosas. Tampoco han declarado relaciones originadas en las redes y luego consolidadas en la "vida real". Este tipo de valoraciones corresponden a los entrevistados más jóvenes. Pero aún entre ellos, y siempre estableciendo directa o indirectamente una diferenciación entre la "vida real" y las redes sociales digitales, hemos identificado dos tipos de posicionamientos distintos: aquél que incorpora con mayor espontaneidad al espacio de estas redes como un ámbito que amplía las posibilidades de relacionamiento y aquél otro que, reconociendo la diferenciación, tiende a seguir valorando de alguna manera (en algunos casos, como si fuera mejor) a la denominada "vida real" en la cual el sujeto debe consolidarse para interactuar con otros y desarrollar sus actividades. 2) El otro aspecto en el que destacaba el carácter dinámico de este tipo de relaciones se refiere a la expulsión de los desconocidos. Algunos entrevistados, en particular personas de mayor edad, comentan que prefieren no incluir desconocidos. Otros, en cambio declaran que han incorporado contactos que, con el correr del tiempo, decidieron dar de baja y en todos los casos se trataba de desconocidos. Los testimonios que ilustran estos posicionamientos ponen de manifiesto un aspecto que aparece fuertemente en los discursos de varios entrevistados y que hemos denominado "el factor confianza". Podría considerarse que el *factor confianza* opera en un doble sentido complementario: respecto del medio y respecto de la gente. El conocimiento que estas personas tienen sobre Internet, su funcionamiento y las redes sociales digitales como parte de ese medio, es en general muy acotado –sobre todo en el caso de las personas de mayor edad pero no exclusivamente. Esa limitación resulta terreno fértil para la consolidación de ideas e imágenes que circulan por diferentes ámbitos de la vida social y cultural, incluidos los medios de comunicación masiva. Muchas de esas construcciones alertan sobre ciertos usos posibles del medio que resultan no deseados e incluso peligrosos como los que se vinculan con los robos, la pedofilia y otros delitos importantes. La confluencia entre estas representaciones y los temores propios de la falta de conocimiento sobre el medio, influyen en la adopción de ciertas posturas que se caracterizan como de precaución, a pesar de que ninguno de los entrevistados haya tenido alguna experiencia efectiva ni conozca personalmente a alguien que haya experimentado alguna situación no deseada. Es posible que un cierto "efecto derrame" se produzca desde el medio hacia las personas. Hemos visto que los desconocidos son en realidad personas a las que se conoce a través del medio y con las cuales se establece una relación que, en general, se circunscribe a ese ámbito. De manera que la posibilidad de "conocer mejor" a las personas muchas veces se relativiza. Una primera impresión, que habría que retomar en un análisis posterior, es que esta actitud varía justamente de acuerdo con la familiaridad que se tenga respecto del medio y esa familiaridad se consolida a partir de los usos frecuentes y variados y sobre la reflexión sobre los mismos. El trabajo cualitativo que hemos realizado nos conduce a interpretar que no solamente la edad, sino también aquello que podríamos denominar el capital cultural[25], condicionan esa familiaridad. Al mismo tiempo, podemos observar que este último no puede considerarse de manera completamente autónoma respecto del posicionamiento social. Hemos visto que cuanto más jóvenes y mejor posicionadas socioculturalmente están las personas entrevistadas, más próximos son los vínculos que construyen con estas tecnologías y más abiertas se encuentran a considerar los vínculos sociales que se producen a través de las mismas como *normales*. Por el contrario, cuanto más se alejan las personas de esos posicionamientos, mayor es la tendencia a desarrollar actitudes de precaución que pueden derivar en la expulsión de contactos.[26] Retomaré esta cuestión en los párrafos siguientes.

Redes sociales digitales y vida privada

Pasemos ahora al otro aspecto que me interesaba merodear, intentando una primera respuesta a la pregunta: ¿Por qué las personas publican aspectos de su vida privada en Facebook? [27]

Tomaré como marco de interpretación la diferenciación que había establecido párrafos atrás entre la consideración en abstracto de Internet como medio de información y los usos de Internet como medio de comunicación. Afirmaré que, si bien la publicación de fotografías, relatos y otras modalidades de publicación de aspectos de la vida privada puede considerarse como producción de información, una de las modalidades en que se experimentan esas prácticas se relaciona más estrechamente con el carácter comunicacional.

Muchas de las personas con las que hemos estado conversando publican aspectos de su vida cotidiana en Facebook buscando *compartirlas* con otros. Tuvieron un acontecimiento que les brindó alegría, placer, orgullo;

---

[25] Hemos desarrollado en otros artículos análisis sobre algunas de las dimensiones del capital cultural involucradas en la relación con estas tecnologías. Ver Cabello, 2015b.
[26] Presenté algunas de las observaciones desarrolladas en estos parágrafos en una charla que di en el Congreso Internacional de Tecnología, Conocimiento y Sociedad en Buenos Aires, febrero de 2016.
[27] Focalizo Facebook porque es la red que más ha salido en nuestros trabajos de campo. Sin embargo hay otras en las que también se producen este tipo de publicaciones. Por ejemplo, en Instagram, se realizan a través de las historias, en las que se puede indicar el lugar de la publicación y figura la hora en la que se realiza. Es una muestra del "instante", del "presente", que en muchos casos involucra aspectos de la vida privada.

sienten que salieron lindos en una foto; están contentos por estar o haber estado de vacaciones en algún lugar o por haber comido con amigos o festejado un cumpleaños. En fin, hay infinidad de situaciones de la vida cotidiana que los usuarios quieren compartir. En muchos casos, esas manifestaciones los tienen como protagonistas: son autofotos (*selfies*) o distintas muestras de situaciones en las que participan; o son expresión de actividades, productos o situaciones que eligen y por tanto hablan de alguna manera de sí mismos; o exhiben a terceros con los cuales se sienten identificados, etc. Por consiguiente, buena parte de esas presentaciones están editadas, especialmente producidas para la pantalla. Imágenes y videos digitales que ya no se conciben únicamente como recuerdos o registros de situaciones de la vida de las personas sino que están destinados a ser compartidos y eso se convierte en un factor constitutivo.

Las entrevistas nos han permitido detectar que otro tanto sucede desde el punto de vista de la recepción. Hay personas que disfrutan mirando las fotos de las vacaciones de algún pariente o amigo y sienten que de alguna manera participan en esa experiencia, la comparten.

El verbo *compartir* está instalado por el propio lenguaje de Facebook pero asume un sentido más amplio, que trasciende la mera aplicación y que se asocia a valores y necesidades de los usuarios. *Compartir*, así, es una manera de estar en contacto con el otro. Una vía de aproximación que se suma a otras vías posibles y otros ámbitos, no necesariamente mediados por las tecnologías, en los cuales las personas tratan de estar cerca unas de otras o de alimentar la ilusión de vencer la soledad.

Es cierto que al publicarse en las redes sociales estos aspectos de la privacidad asumen cierto estatuto espectacular, en el sentido de Debord (1967) ya que la imagen aparece como mediadora de la relación social. Sin embargo habría que incluir algunos resguardos antes de producir generalizaciones.

Una primera cuestión se refiere entonces a la puesta en escena. Al menos desde mediados del siglo XX hemos incorporado, incluso de manera crítica, la idea de que al actuar socialmente mostramos imágenes de nosotros y miramos imágenes de los demás.[28] Las tecnologías digitales interactivas, en este caso las redes sociales digitales, multiplican esas posibilidades ofreciendo nuevos recursos para la autoescenificación, nuevos

---

[28] Según Riesman (1981), a partir de mediados de siglo XX el individuo se constituye dirigido hacia los otros y esa tendencia y las señales que los otros generan, es lo único que permanece inalterable. Los otros ya no son únicamente los conocidos y el individuo es capaz de intimar con personas con las que se relaciona de manera fugaz.

escenarios para la presentación de la persona en la vida cotidiana. Cuando me referí a los perfiles de los sitios y aplicaciones de citas en Internet anticipé algunas observaciones que podemos retomar aquí y complementar con otras aportaciones. Según Goffman el sujeto que actúa despliega una doble capacidad expresiva con el propósito de producir impresiones en el otro: la de la comunicación verbal y la de la comunicación no verbal (con menos posibilidades de control intencional). Podría decirse que en función del mantenimiento de una coherencia expresiva el participante trata de controlar el acceso de los otros a su subjetividad. Sin embargo a Goffman no se le escapa el hecho de que al propio actor también le son inaccesibles las expresiones que, según se cree, emanan de él. Dice: "(...) nuestra actuación es siempre mejor que el conocimiento teórico que sobre ella tenemos." (Goffman, 2001 [1959]: 81)

Hay personas que aprovechan el perfil y las fotos que exponen para producir conscientemente su imagen, tanto como en cualquier otra situación de exposición. Muchas veces esas imágenes intentan ajustarse a modelos que pueden ser un tanto ajenos (como las pautas de belleza, de éxito, de aceptabilidad y otros valores estéticos y culturales hegemónicos que circulan por los medios de comunicación y otros ámbitos de socialización). Sin embargo, aun teniendo en cuenta esa suerte de modelación desde afuera que parece doblegar posibles resistencias y también considerando con Goffman que no es posible tener todo bajo control, creo que cabe contemplar el hecho de que algunas de esas prácticas de producción repercutan generando cierto efecto de autoafirmación en las personas que han tenido que mirarse a sí mismas, modelarse conforme quieren mostrarse a los demás (porque suponen que han de lograr una mejor impresión ante ellos) y luego obtener un resultado que les satisface, aunque sea de manera efímera: les gusta cómo se ven (en el caso de las autofotos, por ejemplo) o les gusta aquellos otros objetos que muestran a los demás y que son resultado de las elecciones propias. En algunos casos, no se trata de una cuestión menor porque hay personas que no solamente no se ven a sí mismas como agradables (o aceptables) sino que muchas veces han crecido sintiéndose excluidas de esa posibilidad. Las imágenes de la cultura hegemónica con las que han logrado identificarse pueden no coincidir con muchas de las pautas construidas en sus procesos históricos de subjetivación, pero vivenciarse de todos modos como buenos resultados, tal vez porque aporten justamente a una ilusión de pertenencia e inclusión. Esos resultados satisfactorios, a su vez, pueden incorporarse con mayor estabilidad, más allá de la foto del momento. No obstante, en un universo cultural signado por la obsolescencia (de los productos, de los consumos, de las modas, de las propias tecnologías) el descentramiento y otras pautas que varios autores han caracterizado en las antípodas de la permanencia y la solidez (Lipovetsky, 1986; Bauman, 2003 [2000]) y por todo tipo de inestabilidades y turbulencias relativas a las enormes desigualdades que se profundizan a nivel social y cultural, impresiona un tanto inconducente sostener cierta nostalgia respecto de modalidades modernas fundadas en métodos de autoconocimiento y otras estrategias de conformación de una interioridad a la que pueda considerarse más rica, densa y estable, al estilo de lo que plantea, por ejemplo, Sibilia (2008). En todo caso, habrá que esforzarse por comprender qué nuevos tipos de estabilidades iremos construyendo en esta etapa más allá de las desigualdades sociales, que se mantienen de los más consolidadas y duraderas.

Pero como estamos refiriéndonos a la presentación de aspectos de la vida privada a la manera de espectáculo tenemos que hacer la salvedad de que muchos de nuestros entrevistados no solamente no publican autofotos, sino que afirman que no les gusta presentar aspectos de su vida privada en las redes sociales y, en general, prefieren mantener a resguardo su privacidad. Es muy interesante un estudio que realizó Sabater Fernández (2014) entre jóvenes españoles que, si bien corresponde a un contexto social y cultural muy diferente de aquel que tienen las personas con las que hemos estado trabajando, permite relativizar las hipótesis que sostienen que avanza una tendencia a la disolución de la vida privada. De acuerdo con ese estudio, los jóvenes valoran la privacidad y otorgan gran importancia al hecho de disponer de un espacio personal. Prefieren que sus conversaciones no sean escuchadas por extraños y sólo hablan de temas personales con sus allegados. La autora sostiene que las visiones apocalípticas del fin de la privacidad se basan en falsos supuestos y que en todas las investigaciones realizadas, los jóvenes se muestran conscientes de los riesgos de Internet y preocupados por su nivel de privacidad. Sin embargo señala también que la situación es diferente al analizar la información publicada en las redes sociales. Los jóvenes no quieren dar sus datos en Internet pero sí en una red social. Sostiene que Internet se percibe como un mundo abierto a un público desconocido y diverso mientras que la red social preferida aparece como un mundo privado que despliega confianza, excepto en relación con datos específicos. Entonces los jóvenes facilitan sus datos básicos en el perfil de su red social, pero demuestran cautela en relación con sus datos de localización (correo electrónico, número de teléfono, dirección postal). En cuanto al acceso a lo que la autora denomina la intimidad corpórea –que ejemplifica con el envío de fotos en posturas sensuales– el estudio revela que también aparece muy restringido y se constata que se habla poco de cuestiones personales y de sentimientos. Además, el acceso de desconocidos permanece restringido.

El estudio de UNICEF de 2016 indica que la actitud de cautela se verifica también en nuestro contexto latinoamericano, tanto dentro como fuera de Internet. Entre los adolescentes encuestados, muchos manifestaron conocer gente a través de las redes sociales pero solamente el 38% tuvo al menos un encuentro cara a cara en los últimos doce meses con alguien a quien hubiera contactado en línea. En general, al menos como se manifiesta en la situación de entrevista, parece estar instalada la idea de que hay que tomar recaudos en esos casos, como encontrarse en lugares públicos, de día, y en compañía de amigos o familiares.[29]

En nuestro estudio hemos identificado distintos motivos por los cuales las personas prefieren mantener a resguardo su privacidad. Ya hice referencia a que la cuestión que aparece con más frecuencia en el discurso de nuestros entrevistados de distintas edades, es el que suele mencionarse como "precaución". Las personas prefieren resguardarse frente a posibles inseguridades que, muchas veces, no pueden definir con precisión y sobre las cuales no han tenido experiencias directas ni tampoco indirectas. Para eso realizan una especie de clausura o al menos de restricción del acceso a la información y tienen la sensación de ejercer cierto control. No obstante en muchos casos no existe conciencia de que como mínimo los datos del perfil y las fotos están a disposición de múltiples usuarios y usos diversos.

Pero existen otros causales relacionados con la prevención de lo que podemos denominar aquí malentendidos y efectos no deseados. Aparece fuertemente en el discurso de nuestros entrevistados de ambos sexos la mención de situaciones producidas supuestamente más allá de las intenciones de los comunicadores: personas que se enteran de relaciones que hubiera sido mejor no conocer; manifestaciones que se interpretan como de "envidia" frente a alguna publicación en el perfil; información sobre eventos familiares o de amigos a los que la persona descubre que no ha

---

[29] "En relación a las redes sociales, en general hay consenso entre los adolescentes en que la aceptación de solicitudes de amistad no es indiscriminada, sino que debe evaluarse cada caso en función de una serie de criterios. Algunas de las estrategias que los y las adolescentes emplean son: verificar si se conoce al solicitante partir de la foto de perfil; observar si se tienen amigos en común, identificar si se trata de un perfil "verdadero" a partir de la cantidad de amigos que posee; revisar la fecha de apertura de la cuenta (que no sea muy reciente) y que quien figure en la foto de perfil se encuentre también en otras fotos publicadas." Unicef (2016), Kids on line, pp.46.

sido invitada; publicaciones de ex parejas u otro tipo de personajes del pasado (pisado) en el muro personal y otro tipo de circunstancias a partir de las cuales los usuarios ponen de manifiesto decisiones de excluir la vida privada de las redes sociales. A partir de estas redes y otros dispositivos de Internet, los problemas amorosos son cada vez más frecuentes y públicos y los entrevistados refieren que las infidelidades no se mantienen en secreto. Esto repercute sobre algunos comportamientos que eran impensados hace solamente unos años atrás, como la posibilidad de romper relaciones de manera abrupta y a través de mensajes de texto o mensajería instantánea. A tal punto, que la conversación telefónica se experimenta como una manera más próxima y personal de comunicación (casi como "dar la cara"). Los relatos sobre este tipo de situaciones se relacionan sí con experiencias que han tenido los entrevistados o personas a las que conocen o relatos de experiencias de terceros (por ejemplo difundidas a través de los medios de comunicación). En algunas ocasiones se trata de consecuencias de un uso poco diestro del medio (aunque puede darse justamente al revés, un uso publicitario del mismo como los mismos entrevistados ejemplifican con historias que involucran a personajes famosos) que pone de manifiesto algunas de las distancias a las que nos referimos ya que muchos de nuestros entrevistados no conocen y, por consiguiente no implementan, las configuraciones de privacidad (sobre todo los mayores de treinta y cinco años). Pero podría tratarse también de ciertos modos en que se impone la falta de control sobre la comunicación. Algo así como el acto perlocutorio de la publicación.

Sin embargo, el hecho de que las personas no publiquen aspectos de su vida privada no significa, como decíamos párrafos atrás, que no hablen de sí mismos. Hay gente que publica una imagen de si a través de actividades, selecciones de música u otras producciones culturales. No siempre busca otra motivación que el entretenimiento y se trata de contenidos que pueden aparecer en cualquier otro tipo de conversación cara a cara.

Lo cierto es que la escenificación se produce de todos modos.

La otra cuestión se refiere entonces a los *públicos* de esos espectáculos. El lector modelo de las publicaciones que realizan los entrevistados parece ser el conjunto de los "conocidos", los familiares y los amigos. Además de que algunos efectivamente configuren los perfiles para dirigir la publicación a los amigos (cerrándola al público en general), constatamos que el destinatario mentado (consciente o inconscientemente) es más próximo y reconocible cuanto mayor edad, menores competencias tecnológicas y conocimiento del medio y menor capital cultural asociado a las tecnologías tengan las personas que publican. No obstante, hemos detectado también otros aspectos relacionados con pautas de personalidad y posicionamiento sociocultural que nos impiden trazar una diferenciación en términos de generación: están los jóvenes que producen su imagen para lanzarla a un público amplio y también aquellos que recelan y desconfían de esa actitud.

Esta tendencia a dirigir las publicaciones a un público menos general y amplio refuerza el sentido de compartir y poner en común que atribuimos a estas publicaciones.

Mención aparte para Whatsapp

WhatsApp no es una red social digital sino una aplicación de mensajería instantánea para teléfonos inteligentes que permite enviar y recibir mensajes y también realizar llamadas a través de Internet. Dado que esta aplicación usa la conexión a Internet (4G/3G/2G/EDGE o Wi-Fi cuando es posible) del teléfono, no involucra un costo adicional asociado con el envío y recepción de cada mensaje o llamada. De allí que su uso, de fácil manejo, se ha generalizado rápidamente.

A principios de 2018 mil millones de personas se comunican por esta aplicación en todo el mundo. En la Argentina el crecimiento fue sostenido. Ya en 2015 el 37% de los usuarios de plataformas sociales usaba Whatsapp, dejando atrás en este rubro a Facebook Massenger (29%) y Skype (13%)[30]. A nivel mundial, la plataforma pasó de doscientos millones de usuarios en abril de 2013 a ochocientos millones en abril de 2015[31]. Un estudio de Global Net Index indicaba que en 2015 el 57% de los adultos con acceso a Internet usaba la plataforma. Según la evaluación del "usuario on line" 2015 de Carrier y Asociados, todas las categorías de usos de teléfonos celulares demostraron avances en la Argentina y Whatsapp lideraba la lista de esos usos tras haber registrado un crecimiento de nueve puntos ese año. De hecho el 93% de los usuarios de teléfonos inteligentes lo usaba. El estudio de UNICEF de 2016 dice que Whatsapp es la principal vía de comunicación instantánea de niños, niñas y, sobre todo, adolescentes (82%). De acuerdo con estos resultados, la aplicación se utiliza tanto para organizar salidas y encuentros como para

---

[30] WeAreSocial, Comscore, ONUInternet WorldStarts, GSMA INtelligent.
[31] Statista.com, Whatsapp.

realizar debates e intercambios grupales. Los usuarios valoran que a pesar de ser masivo, es bastante privado porque se restringe a los contactos de la lista y además permite estar conectados permanentemente.

Whatsapp ofrece además la posibilidad de enviar archivos de imagen y video, función que se utiliza mucho cuando las personas están conociéndose en línea (sobre todo en los casos de personas de más edad). Por otra parte, se agregó también la posibilidad de enviar mensajes de voz. Los usuarios relatan que al principio el uso de esa función generaba cierta vergüenza ya que se experimenta mayor proximidad, cierta disminución de la mediación. Pero luego fue rápidamente incorporado, sobre todo por su practicidad.

En los talleres con adolescentes que realizamos en barrios del conurbano bonaerense constatamos que el uso de esta plataforma se instaló como prioritario. Los tipos de interacciones que identificamos conforman tramas que caracterizamos como encadenamientos de baja complejidad ya que: a) se conforman listas de muchos integrantes dado que los usuarios otorgan una significación especial al número de contactos que tienen los grupos que organizan; pero, b) tienen baja densidad desde el punto de vista de la actividad de intercambio que presentan (pocos y breves intercambios entre una minoría de los integrantes de la lista); y c) con alcances limitados, ya que no se evidencia un deslocalización de las relaciones sociales sino que se constata un anclaje o coincidencia entre estas y los contextos locales de interacción (las redes o grupos de Whatsapp están formados por personas que viven en un área geográfica restringida).

A pesar de ello, los usos que se hacen de este tipo de plataformas son muy diversos y pueden dar lugar a distintas pautas de apropiación. Por ejemplo, estuve siguiendo de cerca un caso que pone de manifiesto una de las maneras en que los usuarios se apropian de esta tecnología aprovechando sus ventajas para fortalecer vínculos interpersonales. Se trata de un grupo de Whatsapp que está formado por integrantes de una familia, pertenecientes a tres generaciones, que viven en distintas provincias del país. El grupo se originó por iniciativa de uno de ellos con la idea de organizar un encuentro presencial para celebrar el Año Nuevo. Y a pesar de que ese encuentro finalmente se realizó y más de cincuenta personas que nunca se relacionaban entre sí pudieron brindar y sacarse sus fotos familiares, el grupo de Whatsapp sobrevivió y siguió activo animado principalmente por los integrantes de mayor edad que vieron en esa plataforma la oportunidad de promover la consolidación de los vínculos familiares. Una tecnología cuyo uso requiere competencias de baja complejidad pero que permite la confluencia de múltiples lenguajes y convoca a todas las edades, los inspiró para alentar la construcción colectiva de la memoria familiar. El grupo se convirtió en un lugar en donde circulan fotos antiguas que permiten conocer a bisabuelos y otros familiares en contextos nunca vistos por los más jóvenes, anécdotas familiares protagonizadas por los tíos cuando eran pequeños, videos de nacimientos de los nuevos bebés, chistes y distintos tipos de humoradas que involucran a los miembros de la familia.

De un modo u otro, los distintos tipos de vínculos e interacciones que repasé en este capítulo se desarrollan y se sostienen en parte en un espacio complementario de aquél en el que nos situamos y nos desplazamos en nuestra vida cotidiana: el espacio digital. De ese modo, ese espacio cobra y reafirma su existencia como trama de relaciones. En el capítulo siguiente, me dedicaré a enfocar algunos de los aspectos de esa trama con el propósito de hacer visible su carácter constitutivo y las distancias que están implícitas dentro y fuera de esa malla.

Capítulo 3
Espacio digital

Unos cuantos meses antes de empezar a escribir este trabajo hice una presentación en una reunión regional de ALAS que se publicó luego con el título de *La construcción social del espacio distal*[1]. En el momento en que estaba pensando sobre el tema decidí usar la expresión de J. Echeverría (1998) que empleaba las categorías de espacio proximal y espacio distal, porque me parecía que se ajustaba más que la de espacio virtual o que la de ciberespacio[2] al tipo de reflexión que quería proponer y que quiero retomar ahora. Sin embargo esta vez, luego de haber pedido a algunos colegas que leyeran y discutieran el texto y de haber proseguido con algunas lecturas, me referiré al *espacio digital*. Es una expresión que usó Rodríguez de Las Heras (2004) para establecer una diferenciación respecto del espacio virtual. Mi intención es plantear que el espacio digital resulta de una construcción social compleja y que en ese proceso se expresan diferencias y distancias sociales, culturales y simbólicas en general.

Rodríguez de Las Heras toma como punto de partida la idea de que hay distintos tipos de espacios virtuales; algunos de ellos tienen existencia por la actividad cerebral de cada individuo, como el sueño o la memoria. Se trata de un tipo de espacio que tiene propiedades distintas que aquel

---

[1] Cabello, R. (2015) La construcción social del espacio distal, en Silvia B. Lago Martínez y Néstor H. Correa (coord.): *Desafíos y dilemas de la universidad y la ciencia en América Latina y el Caribe en el siglo XXI*, Editorial Teseo, Buenos Aires, pp.495-504.

[2] En principio la noción de *ciberespacio* está asociada al modo como la presentó William Gibson, sobre todo en su novela Neuromancer (1984). El ciberespacio era una alucinación consensual compartida, una representación gráfica de la información abstraída de los bancos de todas las computadoras del sistema humano. Las ideas que predominan tienden a la desmaterialización: líneas de luz, no-espacio de la mente, constelaciones de datos, flujos virtuales.

que habitamos, se rige por otras leyes o tiene otras dimensiones espacio-temporales. Y, en particular, el autor destaca que el espacio virtual es contiguo al que habitamos y esta contigüidad permite transferencia de un espacio a otro. Dice el autor: "Nuestro mundo de los sentidos entra en contacto con nuestros mundos virtuales y da como resultado lo que llamamos realidad."(Rodríguez de las Heras, 2004: 65)

De acuerdo con esa caracterización, el espacio digital es un espacio virtual creado por la actividad tecnológica del ser humano. Por mi parte, desarrollo en este capítulo la idea de que el espacio digital no solamente resulta de esa actividad tecnológica sino de otras tantas prácticas socioculturales, que expresan tensiones y desigualdades. Dice Rodríguez de Las Heras que, como el resto de los espacios virtuales, el espacio digital tiene distintas propiedades y se rige por leyes diferentes respecto del espacio "natural", y de aquel que Echeverría llama *proximal*. Mientras que en este último todos los objetos están producidos por diferentes materiales, en el espacio digital se producen por el mismo código de ceros y unos. Además, en el espacio digital un objeto puede funcionar sin que sus componentes coincidan en un mismo lugar; si se rompe, puede regenerarse sin dejar huellas de la rotura. Otro rasgo característico es que el desplazamiento por el espacio digital es acelerado y una propiedad distintiva de los objetos en el espacio digital es la ubicuidad: un objeto digital alojado en un servidor se hace visible a la vez en distintos puntos del espacio digital aunque los lugares de acceso estén muy alejados unos de otros.

La pantalla electrónica sería el punto de contacto entre lo que el autor llama "nuestro mundo" y el espacio digital; es clave para la contigüidad y la transferencia entre los dos espacios: ahí podemos interactuar con los objetos del espacio digital y hasta sumergirnos e interactuar en él y a través de allí sus prolongaciones habitan entre nosotros.

Entonces, al hablar de espacio digital me referiré a un tipo de espacio virtual que entenderemos como entorno interactivo, pero que trasciende a aquél que se corresponde con la denominada *realidad virtual* (entorno interactivo adaptado para Internet desarrollado a través de tecnología VRML). Al igual que lo hice en los capítulos precedentes, me centraré en Internet como el ámbito en el que se materializa el espacio digital, aunque este último es un dominio mucho más amplio que podría incluir experiencias futuras que no formen parte de esa "red de redes". Un entorno que está asentado en los satélites y sostenido de manera eléctrica, a gran velocidad de transmisión. Este tipo de espacio/entorno, complementario del territorio[3] que habitamos, se caracteriza por ser inestable. Pero de todos modos ya hemos analizado una multiplicidad de relaciones que establecemos en él y también podemos realizar teleacciones (como compras, transacciones bursátiles, disparo de misiles, consumo de medios de comunicación, etc.) sin necesidad de recurrir a movimientos físicos; además podemos comunicarnos o transmitir informaciones.[4]

No es natural

En el capítulo uno trabajé sobre la idea de que en esta era en que vivimos, la mediación de las tecnologías digitales interactivas produce una suerte de reducción de las distancias entre los espacios (las geografías, los territorios y los lugares). Sin embargo lo que motiva el desarrollo de este libro es la convicción de que, simultáneamente, esa misma mediación tecnológica pone de manifiesto y hasta profundiza otro tipo de distancias, que tienen carácter social y simbólico. Distancias en términos de desigualdades. Una de las dimensiones en donde se evidencian esas distancias es en el propio proceso de producción del espacio digital, al que caracterizaré como un proceso social.

Es decir, el espacio digital no es natural sino que lo construimos con nuestras prácticas e imaginaciones, con nuestros recorridos y maneras de habitarlo. Es una construcción permanente, activa e inestable, cuyo resultado no puede pensarse como un todo orgánico, sin fisuras.

Parto de la presunción (Cabello, 2015) de que la producción del espacio digital es un proceso complejo en el que participan dos tipos de componentes: por un lado, las teletecnologías y su construcción social.

---

[3] En general usé y seguiré usando las expresiones territorio o espacio territorial para referirme al espacio físico que habitamos y del cual el espacio digital es complementario.
[4] Hay aquí una sintonía con los conceptos de espacio proximal y espacio distal (Echeverría, 1998) y no exactamente aquel otro par que presentaba Castells (1998, 2000), sobre todo en *La era de la Información*, cuando hablaba de espacio de los lugares y espacio de los flujos en el marco de su teoría social del poder. El espacio de los flujos es en donde se despliega la lógica de las organizaciones de poder global, mientras que la experiencia fragmentada queda confinada a los lugares. Ya hice referencia a estas ideas en el capítulo uno. Algunos de los interrogantes que presento aquí, en cambio, se vinculan con indagar cómo participan los actores (individuales y colectivos) con sus interacciones en ese espacio (¿de los flujos?, ¿de las redes?) y en su construcción, además de su posicionamiento en el espacio de los lugares. No obstante, ya destaqué en el capítulo anterior la consonancia con el carácter material que Castells atribuye al espacio de los flujos.

En otras palabras, los factores que hacen materialmente posible este proceso desde el punto de vista sociotécnico: el desarrollo tecnológico, los requerimientos y funciones que los actores diseñadores y usuarios atribuyen a los dispositivos que permiten la construcción de este espacio, los saberes y discursos respecto de esas tecnologías y los que circulan por las mismas, los dispositivos, etc. Por otro lado, la experiencia, la percepción y la imaginación desplegada en flujos, interacciones y teleacciones por parte de los actores individuales y colectivos. El espacio vivido.[5]

Me concentro en este segundo aspecto, el del espacio vivido, porque considero que puede entenderse al espacio digital como una trama inestable, susceptible de ser objetivada. Se trata de un espacio material, al estilo de como Castells entiende al espacio de los flujos. Pero concebido como trama (malla, red) compuesta por las acciones e interacciones de actores de diversa índole[6]. Dice Levy (2004), que las relaciones entre humanos producen y transforman continuamente espacios heterogéneos y entrelazados a los que caracteriza como espacios de significación. Me interesa hacer foco en algunos pequeños fragmentos de esas tramas (esos entrelazamientos) con el propósito de problematizar que en su producción siempre se ponen de manifiesto las distancias. Porque no todos acceden de la misma manera al espacio digital[7], ni lo usan o se apropian de él, ni asumen posiciones de dominación y control, así como no todos participan de igual manera de la producción efectiva (tecno-arquitectónica) de ese espacio.

Para analizar algunos de los modos como se manifiesta este proceso complejo y heterogéneo de producción social del espacio digital[8] enfocaré dos dimensiones complementarias en las que se produce este proceso: la

---

[5] Estudiar el espacio vivido implica comprender cómo la gente vive el espacio con el cuerpo, cómo lo siente, lo nombra, lo significa, se lo apropia. El modo como las personas reconocen y significan. Para Lefebvre es importante observar la pluralidad de sentidos y de significados que guarda un mismo lugar para diferentes actores. (Lerma Rodríguez, 2013)

[6] Ya me referí también al modo como Georg Simmel entendía la relación entre el espacio y la interacción.

[7] Podríamos decir que el espacio digital está fuertemente estructurado por aquellos espacios antropológicos que Levy (2004) denomina "espacio de las mercancías" y "espacio del saber".

[8] Para pensar este proceso retomé tres dimensiones que Lefebvre (1974) consideraba a la hora de analizar el espacio territorial, el de los lugares, y me orienté desde allí para analizar el espacio digital. Esas dimensiones son: las prácticas materiales espaciales, las representaciones sobre el espacio y los espacios de representación.

de las prácticas materiales espaciales digitales y la del espacio digital de representación (la imaginación).[9]

Nuestras *prácticas materiales espaciales digitales*[10]

Nosotros producimos el espacio digital a través de nuestras prácticas. ¿Cuáles serían prácticas materiales que forman parte de la construcción del espacio digital? Mencionaré algunos ejemplos que me parece que permiten ilustrar esas prácticas y las distancias que involucran.

Ingenierías, hackers y profundidades de internet

Propongo iniciar la reflexión apuntando a la propia construcción del espacio digital (su producción efectiva), que se apoya en normas y protocolos que se organizan de manera espacial y se trata de un campo de prácticas complejo que implica enormes distancias que son también sociales y culturales. En el caso de internet el modelo OSI (Open System Interconnection) es un marco de referencia para la definición de arquitecturas en la interconexión de sistemas de comunicaciones y consiste en la identificación de siete "capas" (físico, enlace de datos, red, transporte, sesión, presentación y aplicación) que definen las fases por las que deben pasar los datos para viajar de un dispositivo a otro sobre una red de comunicaciones. A pesar de que actualmente se usa más que nada con valor formativo, se construyeron muchos protocolos siguiendo esta normativa. También existen diferentes modelos de arquitectura de redes (topológico, de flujos, funcional) y otros aspectos que influyen en la configuración espacial como las funciones de las redes, la infraestructura y el almacenamiento. La producción de los sistemas reticulares es la manera como se conforman materialmente estos espacios. Creo que la serie de televisión *Mr. Robot* (USA Network, 2015) es uno de los relatos de ficción que mejor

---

[9] En el artículo ya referido (Cabello, 2015) en el que comencé a trabajar sobre este tema, enfoqué también, de manera introductoria, la dimensión de las representaciones del espacio.

[10] Para Lefebvre (1974) el de las *pratiques spatiales* es el espacio que integra las relaciones sociales de producción y reproducción y está vinculado con la percepción que la gente tiene con respecto a su uso cotidiano: sus recorridos, los lugares de encuentro.

nos ayuda a tomar "real" dimensión respecto de que es en este aspecto en donde se verifican las máximas distancias en las modalidades de participación de los actores: no es igual cómo participan los especialistas que diseñan e implementan las arquitecturas y cómo lo hacen los usuarios o habitantes más básicos del espacio digital, sin contar a quienes están completamente afuera del mismo. Su creador, Sam Esmail, se valió del asesoramiento y legitimación de varios de los principales responsables de las compañías de seguridad informática de Estados Unidos, porque buscaba lograr un clima de autenticidad respecto del uso de herramientas, la operación de sistemas y otros detalles técnicos que hacen al desarrollo de los más complejos entornos digitales, que son justamente aquellos que se encargan de controlar la seguridad de los sistemas de los estados, los bancos, los intercambios comerciales y todo tipo de organizaciones. En un momento del relato en el que la seguridad del sistema de una de las mayores corporaciones comerciales de occidente se vio afectada por la acción organizada de un grupo de hackers[11], fue necesario identificar a una persona que pudiera migrar su localización. Esa situación puso de manifiesto diferentes tipos de distancias: las que refieren a aspectos espaciales (los sistemas digitales tenían que mudarse de localización territorial, el lugar donde estaban asentados y funcionando los servidores[12]) y las que refieren a cuestiones culturales (muy pocas personas disponían de los saberes y características requeridos para realizar esa mudanza).

Aunque no es conveniente plantear las distancias en términos tan dicotómicos, visualizar posiciones extremas ayuda a dimensionar las características del fenómeno y también a identificar los distintos tipos de posiciones intermedias. Tomemos el ejemplo de la denominada Internet profunda (metáfora topológica) o Internet invisible. Se estima que hay más de doscientos mil millones de sitios web que no están indexados por

---

[11] Revisando varios diccionarios informáticos en línea aparece la definición del hacker como un entusiasta de la informática. Dice que la palabra se usa también para referir un cierto intrusismo: un hacker es una persona que siempre está deseando aprender y superar nuevos retos, entre los que se pueden encontrar el acceder a un cierto sistema teóricamente cerrado. Pero aclaran que es importante diferenciar el hacker del cracker, que es quien usa sus conocimientos sobre informática y sistemas con malicia. La serie usa el término hackers porque intenta dar cuenta de ciertos componentes de un tipo de cultura.

[12] En realidad la denominación "territorial" es un tanto imprecisa ya que en general los servidores se encuentran interconectados por cables submarinos que están a miles de metros de profundidad. En la Argentina, por ejemplo, hay una Estación de Amarre que construyeron en Las Toninas distintas empresas (como Telecom, Telefónica y Level3) (Mendoza, 2017)

los motores de búsqueda que conocemos y que hay alrededor de un 95% de información pública (es decir que está disponible para todos) en Internet, a la cual es más difícil acceder a través de los buscadores que usamos más frecuentemente. Se trata de páginas que concentran alrededor de quinientos veces más información que la que nos resulta directamente visible. Visto desde el punto de vista de la producción, está claro que los actores que generan esas páginas buscan acotar el acceso por distintos motivos. En algunos casos incluso se requiere acceder a través de navegadores que protegen la identidad, como TOR (que puede descargarse de Internet). Pero la mayoría de las bases de datos que se encuentran en el nivel profundo son accesibles directamente desde el sitio web específico. En muchos casos se trata de comunidades que realizan actividades ilegales e ilegítimas que intentan eludir a las autoridades. Pero también hay todo tipo de páginas que incluyen información gubernamental, industrial, comercial, etc. Vemos aquí una distancia en la producción de sitios y páginas, que resulta abismal respecto del diseño del perfil de redes sociales, el más transversal desde el punto de vista social y cultural. ¿Qué observamos si enfocamos los usos? ¿Hace falta ser un hacker para acceder a Internet profunda? No, en teoría, cualquier persona puede acceder a estas páginas. Pero se requiere conocer los buscadores y sus modos de uso; es decir que tendríamos que usar Archieve, CompletePLanet, Scirus, Infomine, FreeLunch, Ingenta, UsPTO, Esoacenet, Latipat, Eurostat, entre otros. Además de saber de su existencia y su especificidad, tendríamos que generar suscripciones y, en buena parte de los casos, manejarnos con el idioma inglés. También, y esto es fundamental, para poder acceder a muchas de las páginas invisibles a través de esos buscadores, tendríamos que conocer su localización digital para poder indicar la búsqueda. Nuestra relación con las tecnologías interactivas, nuestra noción de la navegación y la búsqueda, nuestra disposición a la complementación entre nuestras acciones en el espacio territorial y nuestros usos del espacio digital deberían ser muy diferentes de los que se construyeron en la vida cotidiana hasta mediados de la década de 1990 y de los que se siguen practicando en la mayoría de las escuelas argentinas hasta el día de hoy. Pero decía que no es conveniente pensar las distancias en términos tan dicotómicos, por eso planteo aquí que no hace falta ser un hacker para usar, por ejemplo, Infomine. Basta con ser un profesional (en cualquiera de sus modalidades) del sector minero, interesado por obtener información sobre ese sector, conocedor de la existencia y funcionamiento del motor de búsqueda, y medianamente entrenado en la navegación en línea. Si los trabajadores que están dentro de las minas produciendo la actividad de extracción tuvieran esa información y entrenamiento, además del conocimiento sobre las distintas variables que intervienen en el desarrollo del ámbito en el que se desenvuelven, y manejo del idioma inglés (porque muchas de las páginas y listados a los que se accede no están traducidos) podrían perfectamente estar al tanto de los avances, los cambios, los riesgos, los derechos que les asisten, las bolsas de trabajo, etc. Todos esos requerimientos (muchos de los cuales es probable que no tengan) se construyen en la escuela y el sindicato, por ejemplo, dentro y fuera del espacio digital. Mientras tanto, es probable que las *prácticas materiales espaciales digitales* de estos actores los mantengan afuera (lejos) de la producción social de esta región de la trama del espacio digital. Una primera conjetura podría ser que no diseñan ni construyen su arquitectura, no producen ni publican contenidos y la usan poco.

Entonces, ¿hace falta ser un experto u ocupar posiciones de poder para participar en la producción efectiva de la arquitectura del espacio digital? No, dentro mismo de esta arquitectura general pueden identificarse intervenciones productivas de espacios diferenciados como entornos de juegos y simulaciones de distintos tipos producidos por jóvenes inquietos u otro tipos de usuarios no especialistas. Existe toda una literatura que se desarrolla analizando las producciones de los usuarios a partir de la convergencia tecnológica: las narrativas transmedia (Scolari, 2014), la semiótica de las redes (Carlón, 2016), los análisis de las culturas colaborativas (Jenkins, 2009) y las inteligencias colectivas (Levy, 2004), entre otras aproximaciones. Si bien esos acercamientos dan cuenta de participaciones efectivas de usuarios y permiten analizar las características de sus producciones, y cómo esas producciones hablan sobre la cultura que ayudan a configurar y sobre los rasgos cognitivos de sus integrantes, dicen muy poco respecto de quiénes son y qué alcance tienen los entramados que ellos producen en términos sociales (más allá de la sociabilidad). Lo cual permitiría a su vez, reconocer quiénes no participan o participan con menos recursos, etc. La convicción respecto de que el análisis de las nuevas producciones culturales permite identificar tendencias y analizar qué dirección está tomando este mundo que habitamos, debería hacer visibles las distancias y diferencias que esa dirección involucra. El hecho de que grandes porciones de la población no participen en este momento en ese tipo de prácticas culturales, no significa que vayan a integrarse necesariamente en un futuro mediato, como se ha planteado décadas atrás a partir de los discursos modernizadores que se sostuvieron desde ciertos planteos desarrollistas y de la difusión de innovaciones.

Flujos y circulaciones

Los actores sociales participan en mayor o en menor medida (o se distancian) de diferentes flujos de relaciones. Por ejemplo, participan (o no) de transacciones de distinto tipo: económicas, financieras, informativas, etc.; participan (o no, o más y mejor) de sistemas de interacción comunicativa: redes sociales digitales, grupos de interés, foros, listas de correo, etc. Además realizan otros tipos de prácticas espacio-digitales: navegan de un sitio a otro, entran y salen, fragmentan el espacio abriendo ventanas. A partir de las prácticas van construyéndose entramados a través de los cuales circulan flujos en los que los actores participan (o no participan) que tienen una impronta a nivel de la experiencia y que son susceptibles de ser objetivados para su representación. La complejidad, densidad y alcance de esos entramados variará en función de distintos tipos de factores, algunos de los cuales se producen y desarrollan en el espacio territorial y otros en el propio espacio digital, que opera como entorno de aprendizaje. Por ejemplo, algunos actores realizarán prácticas financieras (que son prácticas espaciales digitales porque implican recorridos y flujos en línea) si tienen el dinero u otros papeles de intercambio para participar, si tienen acceso a una cuenta bancaria en línea, si se animan a afrontar y controlar el mundo de las amenazas a la seguridad informática, si saben cómo operar la plataforma. Todos factores que adquirieron y aprendieron en el mundo territorial. Pero hay quienes consiguen además recursos adicionales por el hecho de manejarse en el espacio digital con mayor confianza y fluidez, exploran para conocer otras opciones para el desarrollo de sus prácticas financieras, amplían los mercados en los que participan (es decir, extienden el espacio digital que atraviesan y recorren), complementan sus recursos materiales y saberes construidos en el mundo territorial con otros que aprenden operando en el mundo digital e incluso ahorran y realizan operaciones en criptomoneda como bitcoin[13]. Unos constituyen una trama de recorridos y flujos más extensa y densa que otros. Y hay quienes

---

[13] En la Argentina hay varias casas de cambio en donde puede realizarse compra de bitcoins, aunque también se puede acceder a plataformas locales como Ripio, Bitex y Satoshi Tango e internacionales como por ejemplo *Local Bitcoins*.

están completamente afuera de esa trama porque no tienen una cuenta bancaria, o porque no tienen el dinero para realizar operaciones o porque no saben operar en línea o porque no se representan el flujo como verdadero tránsito e intercambio, o porque desconfían o porque no saben cómo ingresar a la red. Todos aspectos que si no se constituyen en el mundo territorial, disminuyen las posibilidades de aprovechar el espacio digital como entorno de aprendizaje.

Espacios tuneados y redes

Otra de las dimensiones que permite comprender la producción social del espacio digital y que pone de manifiesto distancias sociales y culturales, se refiere a la apropiación y uso del espacio[14]. Los ambientes que construyen (o no construyen, o construyen con más o menos recursos) los actores, como blogs, páginas web, perfiles, pueden considerarse como muestra de la conformación de espacios propios, de la definición de parcelas personalizadas y como intentos de estabilización y delimitación en el espacio desterritorializado. En ese enorme magma sin horizonte a la vista que constituye el espacio digital, las personas, las empresas, las organizaciones sociales, los estados, los grupos que tienen intereses en común, tratan de establecer unos límites en donde hacerse visibles y diferenciarse de los demás. Sin embargo aquí también se transparentan las diferencias entre un acotado perfil en una red social y los recursos sofisticados de, por ejemplo, un portal multimedia o una plataforma de e-goverment. Al igual que en el mundo territorial, los lotes de cada uno tienen dimensiones, características, ubicaciones y alcances diferentes, aunque no dependan del dinero que se dispone. Se puede enfocar también los tipos de redes que los actores integran y promueven para poder identificar en ellas las marcas funcionales que atribuyen a las tramas espaciales digitales: como vimos en el capítulo dos, la mayor parte de las redes digitales que integran las personas son de sociabilidad. La participación en ese tipo de redes constituye el principal uso de internet para buena parte de la población

---

[14] Para pensar el proceso de construcción social del espacio digital retomé también la propuesta de Harvey (1998) para el análisis de espacios y tiempos individuales en la vida social. El autor analiza cuatro dimensiones: accesibilidad y distanciamiento, apropiación y uso del espacio, dominación y control del espacio y producción del espacio. Sin embargo hay que aclarar que en ese caso Harvey no se refiere al espacio digital sino al territorial. De allí que su propuesta de dimensiones funciona aquí únicamente como referencia.

mundial, de manera transversal a los distintos sectores sociales y culturales. Pero algunas de esas redes, que también configuran la trama del espacio digital, tienen menos participación de personas y organizaciones (aunque es cierto que el entramado se hace cada vez más tupido y denso) como por ejemplo las redes digitales profesionales o las comerciales. ¿Cuáles son los factores que nos motivan a participar en esas redes y en qué contexto los construimos? Por ejemplo no todas las personas y las organizaciones tienen una condición que reconozcan como profesional (ya se trate de formación universitaria, de nivel de competitividad, de características del oficio, etc.) y, aunque la tuviesen, no siempre conocen la existencia de estas redes, o se representan sus posibilidades y beneficios, o saben cómo gestionar perfiles en ellas. Y si integran esas redes, algunos tienen más contactos que otros, algunos saben priorizar la especificidad de los contactos mejor que otros, diseñar mejor sus perfiles. En fin, nuevamente aparecen las diferencias y distancias cuando se trata de la funcionalidad del uso de los espacios digitales. En relación con este tema están las distintas maneras como los actores intervienen en el espacio digital y se valen del mismo para diseñar e implementar estrategias de supervivencia y/o desarrollo profesional o laboral en general y despliegan prácticas que impactan en la organización de su vida cotidiana. Aquí también se manifiestan desigualdades que van desde quienes están directamente afuera del espacio digital y se manejan únicamente en el espacio territorial hasta quienes ocupan posiciones en ambos espacios, por ejemplo a través del teletrabajo, y quienes operan exclusivamente desde el espacio digital. Los factores que influyen en la configuración de esas desigualdades son de diversa índole: las competencias vinculadas a profesiones y oficios; las posiciones que se ocupan en el mercado de trabajo; las competencias digitales consolidadas, la edad de las personas (su participación en ciertas pautas "generacionales", su identificación con tonos de época, su antigüedad y experiencia en el mercado de relaciones laborales, su antigüedad y experiencia como usuarios de tecnologías); la disposición a generar emprendimientos[15], sus condiciones personales

---

[15] El modo cómo la cultura de los emprendimientos personales se consolida como discurso preferencial en la actualidad, sobre todo en nuestros países periféricos, y cómo se vincula con el desarrollo y expansión de los usos de tecnologías, es motivo de análisis pormenorizado, pero queda afuera de las posibilidades de este escrito.

para la autoorganización y sistematización, el tipo de relación que se establece con las tecnologías y el lugar que éstas ocupan en la vida cotidiana, entre otros.[16]

Entonces, en esta primera dimensión de análisis enfoqué las *prácticas materiales espaciales digitales* para orientar la mirada sobre el modo como nuestras acciones, interacciones, navegaciones y recorridos, el diseño de parcelas personalizadas, las jerarquías, juegos y conflictos, participan en la producción del espacio digital e implican, de manera constitutiva, distintos tipos de distancias.

La dimensión de las *imaginaciones*

Construimos el espacio digital a partir de nuestras prácticas pero también a través de nuestras imaginaciones.

Para analizar esta dimensión tomé como referencia principal la idea de Lefebvre (1974) de *espacio de representación* (espaces de représentation), que sería el espacio experimentado directamente por sus habitantes y usuarios a través de símbolos y despliegues de imaginación. Estos espacios se caracterizan por ser dinámicos y por tener significados que se construyen y modifican en el trascurso del tiempo por los actores sociales e incluso pueden dar cuenta de formas de conocimientos locales, opuestas –y en cierta manera resistentes– a las ideologías dominantes del espacio (Lerma Rodríguez, 2013).

Es muy importante que no pensemos estas categorías como espacios diferenciados, sino como dimensiones de un mismo espacio que resulta de un proceso material y simbólico de producción. Refiriéndose al fenómeno de habitar el espacio urbano, por ejemplo, Lefebvre decía: "Cualquier ciudad, cualquier aglomeración, ha tenido y tiene una realidad o una

---

[16] En aquella presentación en el congreso de ALAS donde introduje este análisis, incluía una referencia a otros tipos de tensiones involucradas en la construcción social del espacio digital y decía que, algunas ellas pueden manifestarse por ejemplo, en ciertos fenómenos que se producen en internet: la tensión entre acceso libre y privatización (no únicamente considerando la cuestión del software libre sino el acceso y administración de sitios, páginas, comunidades) o las jerarquías que se conforman en esos espacios de acción e interacción, que ponen en juego confrontaciones y relaciones de poder que repercuten directamente en la configuración espacial de la trama (quiénes están adentro y quiénes afuera; quiénes están arriba y quiénes abajo; cuál es la forma que adopta el espacio reticular y en qué medida se aleja del espacio piramidal, etc.).

dimensión imaginaria (...) y es necesario hacer un sitio a estos sueños, a este nivel de lo imaginario, de lo simbólico, espacio que tradicionalmente ocupaban los monumentos". (Lefebvre, 1975b: 210). Seleccioné esta pequeña cita[17] con toda intencionalidad porque puede verse que pone en un mismo plano conceptos que otros autores han diferenciado de diversas maneras (incluso con bastante anterioridad), dando lugar a tratados y discusiones en el marco de la filosofía, de la psicología y de la antropología: los conceptos de imaginario, sueño y símbolo. Hago este señalamiento para tomar distancia respecto de esa homologación. Pero rescataré sin embargo la idea de pensar a la imaginación como realidad, asociada con la noción de imaginación productiva/creadora que ha sido problematizada desde distintas perspectivas y en el marco de diferentes sistemas de pensamiento (Cassirer, 1944; Bachelard, 1960; Marcuse, 1969; Castoriadis, 1975).

El carácter espacial del espacio digital es también producto de nuestras imaginaciones. La concepción de cualquier tipo de espacio requiere una capacidad de abstracción que los humanos construimos durante la primera decena de años de nuestra vida. Pero además, el espacio digital –en el que "estamos" donde no está nuestro cuerpo– se configura inevitablemente a partir de cómo lo imaginamos.

Por un lado se trata de un espacio abstracto, simbólico, configurado a través de esquemas, ya que involucra la representación de relaciones espaciales. Al mismo tiempo, si consideramos las observaciones del parágrafo anterior, resulta una suerte de "espacio de la acción" que, a medida que avanzan los desarrollos tecnológicos, se va tornando cada vez más "sensible".

En distintos estudios que realizamos con diferentes tipos de públicos, notamos que la experimentación cumple un rol central en el modo como las personas se representan el espacio digital. Entre quienes han usado al menos una vez internet, la manera como las personas imaginan dónde están operando es uno de los factores que influye sobre la formación de disposiciones (de atracción o repulsión, de distancia o deseo, de acceso o rechazo) y sobre las posibilidades de apropiación del espacio digital. En este caso la idea de apropiación está más cerca de cómo la pensaba Lefebvre (1975b) para el caso de los espacios territoriales: no consiste en que el individuo o el grupo tenga la propiedad sino en que haga su obra, la

---

[17] Que aparece aquí completamente fuera de su contexto y del marco de la discusión en la cual Lefebvre hacía un significativo aporte para pensar la apropiación de los espacios.

modele, le ponga una marca propia. Ésa es su idea de habitar un espacio, que no está libre de conflictos y que incluye una dosis de imaginación.

Establecimos que una parte importante de la apropiación y uso del espacio digital se apoya en la construcción de familiaridad y en el afianzamiento de una sensación de confianza que nos permita desplegar recorridos, disfrutar de la navegación, ampliar las redes hipertextuales y dotarlas de reversibilidad. Por el contrario, la falta de familiaridad suele ser la base de una serie de temores que dificultan la apropiación de ese espacio y la ampliación de sus fronteras, la inseguridad respecto del "terreno" desconocido o la fantasía de perderse en medio de la maraña de caminos posibles.

Ciertos componentes del capital cultural con el que contamos nos permiten consolidar algunas disposiciones y derribar barreras imaginarias respecto de a qué zonas podemos o no acceder o qué podemos figurarnos o no respecto del espacio virtual digital. La Internet profunda de la cual hablaba párrafos atrás, por ejemplo, se configura imaginariamente de diferentes maneras dependiendo en buena medida de los recursos simbólicos de que se disponga. Hay personas que solamente asocian la idea con un lugar al que no pueden acceder porque no tienen los conocimientos necesarios; otros como un lugar al que no quieren acceder, porque prefieren eludir peligros (como la pedofilia, la venta de armas o la trata de personas). Hay también quienes no imaginan lugares (a pesar de la metáfora del nombre). Están quienes nunca oyeron hablar del tema y dicen no imaginar nada al respecto. Entrevistados y entrevistadas de diferentes edades pertenecientes a sectores con bajos ingresos y cuya relación con Internet se realiza exclusivamente a través del teléfono celular y sobre todo para usar redes sociales digitales, incluyen en sus discursos menos referencias que den pistas respecto de cómo imaginan a Internet (a secas, no ya la versión "profunda") en términos espaciales, más allá de "un lugar del cual se puede sacar mucha información".

Mapas mentales, mapas digitales

Uno de los aspectos en donde opera la imaginación creadora es aquel a través del cual construimos un espacio representado personal: trazamos mapas mentales sobre el espacio virtual digital ocupado por cada uno. ¿En qué medida y de qué modo las personas nos percibimos en un espacio otro, complementario del espacio proximal, y lo visualizamos como una ampliación de nuestro campo de acción e interacción? Distintos factores condicionan ese mapa personal. Entre ellos, nuestra propia disposición a objetivarnos como cuerpos situados, al decir de Merleau Ponty. Como puntos en un universo digital que adquiere sentido para nosotros y se constituye como espacio a partir de nuestra propia disposición. De alguna manera, los videojuegos en tercera persona buscan explícitamente construir esa sensación de posición. El personaje que se controla se ve de cuerpo entero (generalmente de espaldas) y eso ayuda a generar un mayor efecto de inmersión ya que el jugador puede ver directamente los alrededores del juego. En el juego en primera persona, en cambio, el jugador ve únicamente hacia el frente de su personaje y debe rotar para ver lo que lo rodea, pero tiene de todos modos la posibilidad de situarse en ese espacio virtual que le propone el relato. Muchos de estos juegos, no obstante, quedan un poco atrás si se los compara con el tipo de experiencia que posibilitan los cascos o anteojos de realidad virtual. En general se llama realidad virtual a un mundo generado por sistemas informáticos en el cual el usuario tiene la sensación de estar incluido y, en los casos más sofisticados, de interactuar con los objetos allí dispuestos. Se trata de una realidad perceptiva, sin soporte físico, pero que posibilita la idea de inmersión. Cassirer (1964) refiriéndose al espacio perceptivo, había establecido que tiene una naturaleza muy complicada que contiene elementos de los diferentes géneros de experiencia sensible: óptica, táctil, acústica y kinestésica. La mayoría de los sistemas actuales se centran en dos sentidos: la vista y el oído, pero poco a poco se van desarrollando otros (y también accesorios) que incluyen al resto de los recursos sensoriales con los que contamos. Los cascos o los anteojos se conectan con consolas de videojuegos, con computadoras o con teléfonos celulares inteligentes. Los usos son diversos: se realizan simulaciones para entrenamientos (de pilotos, soldados, etc.), para formación en medicina, para el diseño y desarrollo de productos; se crean entornos virtuales de aprendizaje o entretenimiento y otros tantos usos entre los que se cuentan los juegos. Para esos casos, los anteojos HTCVive, por ejemplo, incluyen dos sensores de posición que permiten hacer movimientos dentro del escenario y realizar seguimientos dentro del área de juego. Alcanzan gran precisión en el seguimiento de las manos y los desplazamientos. Claro que se necesita una computadora muy potente y el precio de mercado es altísimo. En 2018 al menos dos empresas presentaron anteojos de realidad virtual autónomos, que incluyen sus propias pantallas, mandos de movimiento, cámaras de posicionamiento y la potencia que otorga una computadora personal o una consola de juegos.

Ese ejemplo pone de manifiesto un tipo muy específico de distancia económica: se requiere contar con el dinero para acceder al equipo y realizar esa clase de experiencias espaciales. De todos modos, por un lado, algunos dispositivos para telefonía celular están haciéndose más accesibles y, por otro, los videojuegos que posibilitan experiencias semi-inmersivas están muy generalizados, muchos al alcance de todos a través de locales de acceso público. Además cada vez se desarrollan más entorno inmersivos en los que podemos participar sin necesidad de usar las prótesis. En abril de 2018, por ejemplo, el Atelier des Lumières, primer centro de arte digital de París, inauguró una programación inmersiva que recrea las principales obras de Gustav Klimt y Egon Schiele, proponiendo un tipo de relación por parte del visitante, completamente diferentes a la de la contemplación del cuadro en el museo. En el Museo de arte digital Mori Building, de Japón, se realizan experiencias estéticas inmersivas multisensoriales que colocan una porción muy vívida del espacio digital en medio del espacio territorial.

Pero la inquietud sobre el modo como trazamos mapas mentales sobre el espacio virtual digital ocupado por cada uno, no refiere únicamente a esas experiencias que están pre diseñadas y acotadas a los relatos respectivos (el recorrido del juego, el quirófano y la cirugía, el museo virtual, etc.), sino a los modos como nuestra imaginación nos permite vivenciar todas nuestras acciones en el espacio digital como situadas y posicionadas. Es muy común escuchar a las personas usar los verbos navegar, estar, ir, entrar, cuando se refieren a sus acciones en Internet. Pero, no siempre se objetivan esas posiciones y recorridos como realizados en un espacio abstracto o simbólico. Se trata de vivenciarlo no solamente como espacio de la acción (Cassirer, 1964) centrado en intereses y necesidades prácticas inmediatas; sino de trascender ese espacio arraigado en lo concreto y recuperar su fuerte componente sensorio emotivo para integrarlo en esquemas que permitan pensar en un sistema espacial y poder concebir un croquis del espacio digital.

Las organizaciones y grupos también tienen una dimensión espacial digital. Si bien un análisis de este tema requeriría un estudio aparte, señalaré aquí que apelan a indicadores externos para mapear su posicionamiento en el espacio digital y su contribución a la conformación del entramado reticular. Por ejemplo, para las marcas comerciales, una de las variables que mapean el posicionamiento digital es la reputación en las redes sociales. Si bien las organizaciones diseñan estrategias para posicionarse mejor, su situación está muy sujeta a los movimientos de los clientes y seguidores. Unos comentarios negativos o que puedan asociar a la marca con acontecimientos o personajes menos valorados, pueden resultar en lo que se conoce como "crisis de reputación" y afectar directamente el comportamiento de compra o de identidad/fidelidad de los clientes habituales o potenciales (tanto si compran en línea como en los locales comerciales). Las organizaciones (con o sin fines de lucro) que pretenden construir y consolidar su parcela en el espacio digital –ya sea para complementar sus locales territoriales o para operar únicamente en línea– se ven en la situación de realizar seguimientos permanentes para monitorear el comportamiento de sus seguidores/clientes con el fin de acompañar la configuración que adoptan sus redes. También están atentos a cómo se posicionan los competidores en ese espacio digital y a los modos como puedan generar mejores estrategias de visibilidad. En este sentido, los anuncios publicitarios operan como espacios móviles, inestables y colonizadores de los espacios privados de distintos usuarios cuyas preferencias los anunciantes han logrado identificar y coptar. Muchos usuarios de redes sociales digitales se convirtieron en Community Managers, aprovechando su familiaridad con las interacciones y con la circulación de la información, así como su capacidad para identificar rápidamente aspectos "fuera de lugar". Con el tiempo (no mucho), la posición se convirtió en oficio y en planes de capacitación: las personas se forman para gerenciar redes y atender la reputación digital de las organizaciones, las organizaciones los incluyen entre su personal. ¿Podemos, no obstante, anunciar que todas las organizaciones están inevitablemente encaminadas a pivotear entre el espacio digital y el territorio? Sin dudas hay organizaciones que trazan mapas complejos, con áreas que quedan adentro y otras afuera del espacio digital, en distintas regiones del planeta. Otras organizaciones buscan de a poco hacerse un lugar en la trama digital. ¿Y qué pasa con las organizaciones locales, barriales, que muchas veces no tienen visibilidad en los mapas territoriales? ¿Qué magnitud alcanza la distancia y respecto de qué y con qué mapa tendríamos que medirla?

Paisajes virtuales

Pivoteamos entre el espacio territorial y el espacio digital haciendo recorridos a distancia, creando lugares para proyectar y entornos fantásticos en los cuales navegar. La imaginación está en la base de esas creaciones y, sobre todo, es la argamasa que permite hacer el espacio digital como espacio vivido. Sin embargo, no existe el grado cero de la imaginación y los recursos con los que contamos o no contamos marcan diferencias (ponen distancias). Buena parte de esas diferencias se construyen en el territorio. Entre los usuarios de Internet[18] la mayoría asumimos posiciones de consumo más que de producción consciente, orientada y estratégica. Y esto se expresa en los modos como nos relacionamos con los paisajes virtuales. Veamos algunas posibilidades y diferencias.

Hay un conjunto de aplicaciones que permiten usar Internet para establecer relaciones con otros espacios, territoriales. Podemos ubicar alguna localización a través de mapas; realizar visitas virtuales en 360 grados (incluso en 3D) a ciudades, museos, distintos tipos de paisajes; también "recorrer" en tiempo real algún sitio emplazado a miles de kilómetros de distancia a través de sistemas de geo referenciación satelital. Posicionados en el espacio digital (donde no está nuestro cuerpo), transitándolo, nos vinculamos con los lugares del territorio. En esos casos, nuestras sensaciones, nuestra atención, nuestra disposición general tiende a establecer relaciones espaciales afuera del espacio digital (en el cual estamos actuando y al cual estamos construyendo sin ser necesariamente conscientes de ello).

Las tecnologías digitales interactivas se usan también para crear distintos tipos de locaciones y paisajes virtuales. Aunque muchos de ellos se producen o se almacenan en línea, suelen hacerse visibles a través de producciones audiovisuales o videojuegos que pueden circular tanto *on* como *off line*. En relación con la producción de estos paisajes es donde se manifiestan unas de las más consolidadas distancias: la mayoría de los usuarios de Internet participamos como consumidores. El ejemplo más sencillo puede ser el de los denominados *paisajes en movimiento*, a los que se accede en Internet por la vía de múltiples dispositivos. Son ilustraciones, animaciones o tarjetas digitales que exhiben diferentes tipos de paisajes y que conllevan al menos un componente de movimiento. Por

---

[18] Recordemos que en el momento en que escribo estas líneas, de acuerdo con un estudio del ODSA (29/04/2018), un 19.5% de los chicos que tienen entre 0 y 17 años de edad tiene problemas para acceder a tecnologías de la información.

ejemplo el agua del río se mueve, o las hojas de los árboles caen, o se ve flotar en el aire a los copos de nieve mientras el resto del entorno permanece fijo.

Estos paisajes animados suelen formar parte del conjunto de los denominados *gifts* porque pueden usarse como tarjetas de regalo para salutaciones varias. Incluso muchas de ellas vienen con algún tipo de mensaje de felicitación incorporado, ya sea escrito o de audio. Solamente en un sitio de descarga gratuita de *gifts* animados figuraban 277 clases diferentes de los cuales casi el 10% correspondía a paisajes o escenas espaciales diversas. El sitio invita a "usar estas animaciones de paisajes para ayudarte a expresar tus emociones al estar en una conversación por internet o una red social." [19]

De alguna manera, tanto los paisajes que recorremos a través de geo referenciación satelital como los que se regalan en esas tarjetas, son paisajes virtuales digitales. Aunque es cierto que nadie los pondría en la misma bolsa porque obedecen a procesos de producción distintos, requieren competencias y disposiciones diferentes por parte del usuario y proponen unos usos también muy diferentes.

Hay otros tipos de producciones complejas de paisajes virtuales digitales.

En el año 2000 el Convenio Europeo del Paisaje estableció que "por paisaje se entenderá cualquier parte del territorio tal como la percibe la población, cuyo carácter sea el resultado de la acción y la interacción de factores naturales y/o humanos". (Astibia, 2016: 1) Desde este punto de vista, el concepto de paisaje implica tanto percibir como sentir el entorno sin mediaciones (en especial a través de la vista, pero incluyendo también el resto de los sentidos) y varias de las definiciones que proponen los especialistas incluyen de un modo u otro a la naturaleza o la idea de lo natural. Sin embargo Astibia (2016) reconoce que el desarrollo tecnológico ha permitido ampliar la idea de paisaje: considerando que el observador influye sobre lo observado, a partir de la mediación de instrumentos se puede facilitar la producción de paisajes a muy diversas escalas espaciales y en diferentes regiones del espectro ondulatorio. Ya hice referencia en el parágrafo anterior al espacio perceptivo y la producción de entornos a través de realidad virtual. Esa es, quizá, la idea que surge más espontáneamente cuando se piensa en paisajes virtuales. Muchas personas no han usado nunca un casco o anteojos de realidad virtual, pero han jugado muchos videojuegos en los cuales las acciones de los avatares están

---

[19] https://gifsanimados.de/paisajes

emplazadas en escenarios paisajísticos diversos, muchos de los cuales están diseñados en tres dimensiones y generan sensaciones de inmersión muy definidas y eficaces. Si se cuenta con los anteojos de realidad virtual se puede participar en distintos tipos de paisajes. Algunos son ficcionales y recrean paisajes existentes o inventan otros imaginarios. En los últimos años se han desarrollado diversas pruebas[20] que permiten explorar beneficios de la inmersión, contemplación y recorrido en paisajes virtuales. Por ejemplo se ha tratado de establecer las ventajas relativas al combate contra el estrés, el dolor o la sensación de aislamiento en lugares retirados. Pero no sólo están estos paisajes ficcionales. También se puede mirar videos a través de plataformas tipo Youtube, especialmente preparados para observar usando los anteojos de RV, en los cuales se asiste a paisajes naturales y a toda la vida que en ellos se desarrolla. Los videos se transmiten en dos pantallas, cada una correspondiente a un ojo, y consiguen una sensación de proximidad muy vívida, cercana a la experiencia de la espacialidad (de hecho uno de ellos va presentado por la frase "como si estuvieras de cuerpo presente en la escena").

Existen otros tipos de paisajes que son, si se quiere, menos accesibles tanto desde el punto de vista del usuario como del productor. Por ejemplo, los que se generan a través de la geometría fractal. Un paisaje fractal es un paisaje producido mediante fractales. Un fractal es una figura plana o espacial, compuesta de un número infinito de elementos, cuya propiedad es que mantiene su aspecto y distribución estadística en cualquier escala en que se observe: la autosimilitud. En 1975 el matemático polaco Benoit Mandelbrot acuñó el término y creó luego un modelo matemático para desarrollar "objetos fractales". En la actualidad existen distintos procedimientos y programas que permiten generar paisajes fractales reales (en el sentido de que reproducen algún tipo de paisaje existente) o ficcionales.

Algunos de ellos son incorporados luego en películas de animación, videojuegos o relatos fotográficos y puede darse el caso de que el observador no registre que se trata de un paisaje fractal. Incluso la enorme mayoría de la población ignora la existencia de este tipo de paisajes. Sin embargo a través de distintas páginas de Internet se puede acceder a una multiplicidad de tutoriales que explican procedimientos para su producción y los definen como "extremadamente sencillos" o "muy fáciles de generar". Siempre y cuando se cuente con ciertas competencias en matemática, geometría y programación informática.

---

[20] Hamselou, 2016; Tanja-Dijkstra, *et al.*, 2017.

Pero no hace falta ser matemático para producir paisajes virtuales. El artista multimedia canadiense Herman Kolgen, que experimenta con la música, las artes plásticas, distintos programas informáticos y variados usos de Internet, hizo una presentación en Buenos Aires en septiembre de 2017. Kolgen, a quien se lo describe como escultor audiocinético, participó en el ciclo de propuestas audiovisuales de MUTEK Argentina con una perfomance titulada Seismik V2. Instalado en el medio del escenario de la sala sinfónica del CCK, el artista operaba un programa informático que él mismo había desarrollado, que recoge en tiempo real los campos magnéticos y la actividad sísmica de la tierra (la resistencia a la fricción, los temblores). La comunicación de esa información (el espectáculo) era un conjunto de sonidos abstractos y de motivos visuales variados, de diversos colores y de formas espectaculares que podían verse en la enorme pantalla situada como telón de fondo del escenario.

Seismik V2 pone de manifiesto distintas distancias simultáneamente. Por un lado, da visibilidad (una cierta y arbitraria visibilidad) a esas ondas sísmicas que acontecen en diversos lugares del planeta en el instante en que está realizando la *perfomance*. Su software y su actuación permiten atravesar distancias a lo largo del mundo y hacia la profundidad de la tierra. Por otro lado, pone de manifiesto una distancia cultural: él ha sido capaz de desarrollar el programa informático (ha tenido el conocimiento necesario para hacerlo, ha sido interlocutor de especialistas en geología y cuestiones sísmicas, ha escrito sin problemas en lenguaje digital) y también ha tenido la imaginación para anticipar la dimensión estética de esa actividad invisible de la naturaleza. En algún sentido podría decirse que es esa la distancia que existe siempre entre los artistas y el resto de la comunidad. Personas cuya sensibilidad tiene un poder anticipatorio, había señalado McLuhan (1964). Podría decirse también que el tipo de tecnología que utiliza el artista juega un rol sustantivo en esa particular imaginación: le permite desplegarse, jugar, crear. Pero en su uso creativo (y en este caso, en su diseño) media el capital cultural. Dijo Tomás Maldonado que cuando se trata de percibir un objeto desconocido, que no ha sido presentado antes sino que está representado, resulta muy importante la familiaridad que tenga el observador con el uso del medio de representación. (Maldonado, 1994) Entonces podemos entender que a la hora de producir estas representaciones, tanto el conocimiento y uso de la tecnología informática —en este caso también de la música, la pintura, la tecnología de las imágenes en movimiento- como de otros proyectos similares acumulados (el artista ha producido instalaciones audiovisuales a partir del registro digital del sonido del viento, el agua y los volcanes, por ejemplo) son factores que marcan diferencias y le otorgan más oportunidades para esa imaginación.

Otro tanto podría decirse respecto de los públicos. Una sala repleta de espectadores entusiastas, movilizados por la *perfomance* a la que están asistiendo y que estallan en un aplauso cerrado y sostenido cuando llega el final. La mayoría conoce el evento que ya se ha realizado en oportunidades anteriores, muchos conocen al artista (aunque sea de nombre), perciben los sonidos de la tierra como entorno sonoro estético y disfrutan las producciones visuales en las que algunos pueden ver paisajes –o no. La familiaridad con la tecnología de representación, con los lenguajes estéticos, con el propio espacio físico en el que se desarrolla la actuación; la pertenencia a un colectivo que participa del encuentro y experimenta fruición, son factores de un capital cultural que conecta con la imaginación del artista y sus productos al tiempo que acumula nuevas vivencias. Y, simultáneamente, pone distancia con una enorme mayoría que está afuera (en algunos casos, lejos) del evento. Ni arriba ni abajo. Ni en un lugar superior o inferior. Sino a una distancia que le dificulta conectar con esa imaginación allí desplegada construyendo escenas del espacio digital (lo cual no significa que le impida conectar con otras imaginaciones y desplegar las propias[21]).

Intenté dejar planteada la idea de que es posible generar proyectos utópicos convirtiendo el espacio digital en escenario de ficciones, paisajes virtuales, simulaciones. Espacios de representación que participan de la construcción del espacio digital, complementando el espacio territorial a través de esos tipos de usos simbólicos. Sin embargo esa posibilidad de producción y contemplación de paisajes virtuales, su objetivación como constitutivos del espacio digital y portadores de relaciones espaciales, parece todavía muy distante y solamente accesible a una minoría de las personas.

Estoy convencida de que, cuando se busca hacer caracterizaciones sobre el mundo que vivimos y las tendencias que se producen en él, es imprescindible poner en evidencia que el vector tecnológico es innegable pero desigual y heterogéneo. Una forma de hacerlo es tomar nota de aspectos como los que enfoqué en los distintos capítulos de este texto, en su mayoría visibles en una escala micro. Algunos análisis dan por obvios

---

[21] John Fiske (1992) ha alertado sobre el carácter multidimensional del concepto de distancia cultural. Es importante alejarse de las posiciones que producen significados ahistóricos tanto de los productos culturales como de sus lecturas.

esos aspectos, entonces no posan su vista en ellos. Pero es allí donde se ponen de manifiesto las distancias sociales y culturales que median los modos como nos relacionamos con el espacio digital y lo construimos. Veinte minutos en el futuro tal vez nos permitirían ver que la brecha se profundiza entre quienes hacemos la vida pivoteando entre el espacio territorial y el espacio digital y quienes permanecen sobre todo territorializados, anclando sus acciones e imaginaciones en universos próximos y paisajes menos volátiles.

Bibliografía

Álvarez, G. (2010). George Simmel: notas sociológicas para la discusión sobre la naturaleza del espacio y la cultura de las metrópolis. *Estudios Socioterritoriales. Revista de Geografía,* N° 8, (2009-2010).

Ameigeiras, A y Cabello, R. (2007). Procesos de transformación, espacios culturales y segregación territorial en contextos urbanos periféricos de Buenos Aires. En Czerny, M. y Lombardo, J. (Comps.) *Procesos, transformaciones y construcción de la ciudad en la era del capitalismo global* (85-108). Buenos Aires: UNGS.

Ardèvol, E. y Vayreda, A. (2002). Identidades en línea, prácticas reflexivas. En *Seminario sobre La identidad en la era digital, 10° Festival Internacional de video y multimedia de Canarias.* Las Palmas de Gran Canaria. Recuperado de http://www.grancanariacultura.com/canariasmediafest/seminario.htm

Astibia, H. (2016). Sobre el paisaje y su relación con el arte y la naturaleza. En *Euskpnews,* 708. Universidad del País Vasco/Euskal Herriko Universitatea. Recuperado de http://www.euskonews.com/0708zbk/gaia70801es.html

Augé, M. (2000). *Los no lugares. Espacios del anonimato.* Barcelona: Gedisa, (1ª ed. 1992).

Baringo Ezquerra, D (2013). La tesis de la producción del espacio en Henri Lefebvre y sus críticos: un enfoque a tomar en consideración. En revista *QUID* 16, N°3, 116-135.

Basalla, G. (1991). *La evolución de la tecnología.* Barcelona: Ed. Crítica los Noventa.

Bauman, Z. (2003). *Modernidad Líquida*. Buenos Aires: FCE (1ra. ed. 2000).

Beck, U. (1998). *¿Qué es la globalización? Falacias del globalismo, respuestas a la globalización*. Barcelona: Paidós.

Beck, U. y Beck-Gernshei, E. (2012). *Amor a distancia. Nuevas formas de amor en la era global*. Traducción de Alicia Valero Martín. Barcelona: Paidós.

Ben-Ze'ev, A. (2004). *Love online. Emotions on the Internet*. Cambridge: Cambridge University Press.

Bernardo Paniagua J.M. (2004). Razón tecnológica y lógica de la globalización. En Muro, M.A. (coord.) *Arte y nuevas tecnologías: X Congreso de la Asociación Española de Semiótica*, 245-254.

Bianchi, M. P. (2014). Prácticas en una comunidad colaborativa virtual: condiciones de posibilidad para la cooperación, aprendizajes y sociabilidad. En Revista *Razón y Palabra*, N°87, México. Recuperado de http://www.razonypalabra.org.mx/N/N87/V87/24_Bianchi_V87.pdf

Boltanski, L. (1982). *Los usos sociales del cuerpo*. México: Universidad Veracruzana.

Bourdieu, P. (1999). *La miseria del mundo*. Buenos Aires: Fondo de Cultura Económica.

Bruns, A. (2008).*Blogs, Wikipedia, Second Life, and Beyond: From Production to Produsage*. New York: Peter Lang Publishing

Cabello, R. (2015a). La construcción social del espacio distal. En Silvia B. Lago Martínez y Néstor H. Correa (coord.): *Desafíos y dilemas de la universidad y la ciencia en América Latina y el Caribe en el siglo XXI*. Buenos Aires: Editorial Teseo, 495-504.

Cabello, R. (2015b). Aspectos de la dimensión espacial de la inclusión digital, en Silvia B. Lago Martínez y Néstor H. Correa (coord.): *Desafíos y dilemas de la universidad y la ciencia en América Latina y el Caribe en el siglo XXI*. Buenos Aires: Editorial Teseo, 623-632.

Cabrera, D. (2006). *Lo tecnológico y lo imaginario. Las nuevas tecnologías como esperanzas colectivas*. Buenos Aires: Biblos.

Cacioppo, J. et al (2013). Marital satisfaction and break-ups differ across on-line and off-line meeting venues. En *Proceedings of the National Academy of Sciences (PNAS)*, vol 110, N°25, junio de 2013. Recuperado de https://pdfs.semanticscholar.org/9e61/be5f87c006eb13fe643a513a-5b4b189dbd8a.pdf

Carlón, M. (2016). *Después del fin: una perspectiva no antropocéntrica sobre la post-tv, el post-cine y youtube*. Buenos Aires: La Crujía Ediciones.

Cassirer, E. (1944) *Essay on Man. An Introduction to a Philosophy of Human Culture*. New Haven; Connecticut: Yale University Press.

Cassirer, E. (1971). *Filosofía de las formas simbólicas*. México: Fondo de Cultura Económica. (1ª edición en español 1964)

Castells, M. (2001). *La era de la información*. México: Siglo XXI.

Castells, M. (2000). Grassrooting the space of flows. En: James Wheeler, Yuko Aoyama y Warf Barney (eds.). *Cities in the Telecommunications Age. The fracturing of Geographies*. Nueva York: Routledge, 18-27.

Castells, M. (2008). Comunicación, poder y contrapoder en la sociedad red (II). Los nuevos espacios de la comunicación. *Revista Telos*, N°75, abril-junio de 2008, recuperado de http://telos.fundaciontelefonica.com/telos/articuloautorinvitado.asp@idarticulo=1&rev=75.htm

Castoriadis, C. (1975). *La institución imaginaria de la sociedad*. Barcelona: Tusquets Editores.

Celorio Suárez, M. (2009). El amor a través de Internet en la sociedad de rendimiento. En *Dimensión Económica*, vol 1, N°1, Instituto de investigaciones económicas, UNAM. Recuperado de https://rde.iiec.unam.mx/revistas/1/articulos/6/El_amor_a_traves_de_Internet.pdf

Colón Calderón, I. (2012). Cartas eróticas en las novelas del siglo XVII. En *AnMal Electrónica* 32, 381-403.

Contreras, F., Campos, J. y Gómez, A. (2005) *Información, innovación y sociedad global*. Madrid: Unión Editorial.

Consulta Mitofsky (2004). *Primera encuesta nacional sobre sexo. Estudio de opinión en viviendas*. México, Informe de resultados.

DANE Colombia (2016). *Encuesta de Comportamientos y Actitudes sobre Sexualidad en Niñas, Niños y Adolescentes Escolarizados*. Bogotá, Informe de resultados.

Debord, G. (2000). *La sociedad el espectáculo*. Madrid: Pre-Textos (1ª ed. 1967).

de Kerckhove, D. (1999). *La piel de la cultura. Investigando la nueva realidad electrónica*. Barcelona: Gedisa.

Díaz, E. (2007). Fascículo 17, Sexo virtual. En Colección Educación Sexual, *Página 12*, disponible en http://www.estherdiaz.com.ar/textos/sexo_virtual.htm

Dimendberg, E. (1998). Henri Lefebvre on abstract space. En Light, A. y Smith, J.M. (eds.) (1998). *The production of Public Space*. Boston: Rowman&Littleflield,17-47

Echeverría, J. (1998). Teletecnologías, espacios de interacción y valores. En *Teorema, Revista internacional del filosofía*, vol XVII/3.

Eisenberg, D. (1997). Pasado, presente y perspectivas del teléfono erótico. En *El cortejo de Afrodita. Ensayos sobre literatura hispánica y erotismo* [Actas del Segundo Coloquio Internacional de Erótica Hispana], Analecta Malacitana, anejo 11. Málaga, 114–105.

Enguix, B. y Ardevol, E. (2009). *Cuerpos "hegemónicos" y cuerpos "resistentes": el cuerpo-objetos en webs de contactos*. Comunicación presentada en El cuerpo: objeto y sujeto de las ciencias humanas y sociales. Barcelona.

FIC Argentina y UNICEF (2018). *Las brechas sociales de la epidemia de obesidad en niños, niñas y adolescentes de Argentina: diagnóstico de situación*. Recuperado de http://www.ficargentina.org/sobrepeso-y-obesidad-en-ninos-ninas-y-adolescentes-de-argentina/?gclid=EAIaIQobChMIl-vOl4-yX3AIVwkSGCh1_WgPDEAAYASAAEgIYx_D_BwE

Fischetti, N. (2013). La función emancipadora de la imaginación: contrapuntos entre Gastón Bachelard y Herbert Marcuse. En *Ágora Philosóphica*. Revista marplatense de filosofía, N° 2 7 / 28, V o l. X I V, recuperado de www.agoraphilosophica.com

Fiske, J. (1992). Down under cultural studies. En Grossberg, L., Nelson, C. y Treichler, P. (1992). *Cultural Studies* 10. New York: Routledge.

Géliga Vargas, J. (2006). Acceder, cruzar, nivelar: Disyuntivas escolares ante la Brecha Digital. En Cabello, R. (coord.) *"Yo con la computadora no tengo nada que ver". Un estudio de las relaciones entre los maestros y las tecnologías informáticas en la enseñanza*. Buenos Aires: Prometeo y UNGS, 41-87.

Geldstein, R. y Pantelides, E. (2001). *Riesgo reproductivo en la adolescencia. Desigualdad social y asimetría de género*. Buenos Aires: Unicef.

Gibson, J.J. (1966). *The senses considered as perceptual systems*. Oxford, England: Houghton Mifflin.

Giddens, A. (1994). *Consecuencia de la Modernidad*. Madrid: Alianza.

Giddens, A. (1999). *Un mundo desbocado. Los efectos de la globalización en nuestras vidas*. Madrid: Taurus.

Gill, L. (2002). *Fundamentos y límites del capitalismo*. Madrid: Trotta.

Givens, D. B. (2005). *Love Signals: A Practical Field Guide to the Body Language of Courtship*. New York: St. Martin's Press.

Goffman, E. (2001): *La presentación de la persona en la vida cotidiana*. Buenos Aires: Amorrortu (1ª ed. 1959).

Gutierrez Pozo, A. (2001). La Noción de Símbolo en la Filosofía de Ernst Cassirer. *En: Símbolos Estéticos*. Sevilla: Universidad de Sevilla, 97-127.

Hamselou, J. (2016). Virtual idyll to beat the isolation blues. En *New Scientist*, Vol.229, Issue 3057, 10.

Harvey, D (1994). La construcción social del espacio y del tiempo: Una teoría relacional. En *Geographical Review of Japan*, Vol. 67 (Ser. B) Nº 2, 126-135. Traducción: Dra. Perla Zusman.

Harvey, D (1998). *La condición de la posmodernidad*. Buenos Aires: Amorrortu.

Illouz, E. (2007). *Intimidades congeladas. Las emociones en el capitalismo*. Buenos Aires: Katz Editores.

Iván Mejía, R. (2014). *El cuerpo posthumano en el arte y la cultura contemporánea*. México: UNAM.

Jenkins, H (2009). *Fans, Blogueros y videojuegos. La cultura de la colaboración*. Buenos Aires: Paidós.

Kaufmann, J. C. (2012). *Sex@mor. Las nuevas claves de los encuentros amorosos*. Madrid: Pasos Perdidos.

Kaysing, B. y Randy R. (1974). *We Never Went to the Moon: America's Thirty Billion Dollar Swindle*. Pomeroy: Health Research.

Kornstanje, M. (2006). El viaje: una crítica al concepto de "no lugares". *Athenea Digital*, 10, 211-238

Kuri Pineda, E. (2013). Representaciones y significados en la relación espacio-sociedad: una reflexión teórica. En *Sociológica*, año 28, número 78, enero-abril de 2013, 69-98

Lardellier, P. (2004). *Le coeur NET. Célibat et amours sur la Web*. Paris: Belin. Edited by D. L. Breton.

Lardellier, P. (2012). *Les réseaux du coeur. Sexe, amour et séduction sur Internet*. Paris: Francois Bourin Editeur.

Lefebvre, H. (1991) (1974). *The production of space*. Londres: Blackwell.

Lefebvre, H. (1975a). *De lo rural a lo urbano*. Barcelona: Península.

Lefebvre, H. (1975b). *El derecho a la ciudad*. Barcelona: Península.

Lerma Rodríguez, E. (2013). Espacio vivido: del espacio local al reticular. Notas en torno a la representación social del espacio vivido en la globalización. En *Revista Pueblos y fronteras digital* v. 8, n. 15, junio-noviembre 2013, 225–250.

Levis, D. (2005). *Amores en red*. Buenos Aires: Prometeo.

Levy, P. (2004). *L'Intelligence collective. Pour une anthropologie du cyberespace*. Paris: La Découverte.

Lipovetsky, G, (1986). *La era del vacío. Ensayos sobre el individualismo contemporáneo*. Barcelona: Anagrama.

Maldonado, T. (1994). *Lo real y lo virtual*. Barcelona: Gedisa.

Marcuse, H. (1969). *El hombre unidimensional. Ensayo sobre la Ideología de la Sociedad Industrial Avanzada*. México: Joaquín Mortiz. Edición original: [1964] One-Dimensional Man, Boston, Beacon Press

Martínez, E. (2014). Configuración urbana, habitar y apropiación del espacio. *XIII Coloquio Internacional de Geocrítica. El control del espacio y los espacios de control*. Barcelona, recuperado de http://www.ub.edu/geocrit/coloquio2014/Emilio%20Martinez.pdf en mayo de2018.

Massey, D. (2005). La filosofía y la política de la espacialidad. En Arfuch, L. (coord.), *Pensar este tiempo: espacios, afectos, pertenencias*. Buenos Aires: Paidós. 101-128.

Mattelart, A. (1998). *La mundialización de la comunicación*. Barcelona: Paidós.

Mattelart, A. (2000). *Historia de la utopía planetaria*. Barcelona: Paidós.

Mattelart, A. (2002). *Historia de la Sociedad de la Información*. Madrid, Alianza.

McLuhan, M. (1994). *Comprender los medios de comunicación*. Barcelona: Paidós.

Mendoza, J.J. (2017). *Internet, el último continente. Mapas, e-Topías, cuerpos*. Buenos Aires: Crujía.

Merleau Ponty, M. (2000). *Fenomenología de la percepción*. Barcelona: Península. (1ª ed., *Phénomenólogie de la perception*, París, Gallimard, 1945).

Mundo, D. (2014). Presentación a El amor en tiempos del wassap, *Agencia Paco Urondo*, disponible en http://agenciapacourondo.com.ar/cultura/14275-el-amor-en-tiempos-del-wassap, consultado en julio de 2016.

Notario Ruiz, A. (2005). *Contrapuntos estéticos*. Salamanca: Universidad de Salamanca.

Ortiz, R. (2014). *Universalismo y diversidad. Contradicciones de la modernidad-mundo*. Buenos Aires: Prometeo.

Park, R. (1999). *La ciudad y otros ensayos de ecología urbana*. Barcelona: Ediciones del Serbal.

Piñar, J (dir.) y Osorio, M. (coord.) (2011). *Redes sociales y privacidad del menor.* Madrid: Reus.

Polanyi, K. (1997). *La gran transformación. Crítica del liberalismo económico.* Madrid: La Piqueta.

Quevedo, L. A. (2015). *La cultura argentina hoy. Tendencias.* Buenos Aires: Siglo XXI.

Raad, A. (2004). Comunidad emocional, comunidad virtual. Estudio de las relaciones mediadas por Internet. En *Revista Mad.* Nº 10. Mayo 2004. Departamento de Antropología. Universidad de Chile http://www.revistamad.uchile.cl/10/paper06.pdf

Ramírez Fernández, A. y Jiménez Álvarez, M. (coords) (2005). *Las otras migraciones.* Madrid: Ediciones Akal.

Ramírez Velazquez, B. (2014). Lefebvre y la construcción del espacio. Sus aportes a los debates contemporáneos. *En Revista Veredas*, México, Nº8, 61-73.

René, R. (1994). Lucas, Stu, ed. *NASA Mooned America!* Drawings by Chris Wolfer. Passaic, NJ: René.

Riesman, D. *et al.* (1981). *La muchedumbre solitaria.* Buenos Aires: Paidós. (1ª ed. 1950)

Rodríguez de Las Heras, A. (2004): Espacio digital. Espacio virtual. En *Revista Debats*, Nº84, 63-67.

Sabater Fernández, C. (2014). La vida privada en la sociedad digital. La exposición pública de los jóvenes en Internet. En *Aposta Revista de Ciencias Sociales*, Nº 61, Abril, Mayo y Junio 2014 · http://www.apostadigital.com/revistav3/hemeroteca/csabater.pdf

Sánchez, J. (1988). Espacio y nuevas tecnologías. En *Geo Crítica. Cuadernos críticos de geografía humana*, Año XII, Nº78, Universidad de Barcelona.

Sánchez Escárcega, J. y Oviedo Estrada, L. (2005). Amor.com: vínculos de pareja por internet. En *Revista Intercontinental de Psicología y Educación*, vol. 7, núm. 2, julio-diciembre, México, 43-56.

Santos, M. (2014). Los Dioses griegos, en Her. En Dossier El amor en tiempos del wassap, *Agencia Paco Urondo*, recuperado de http://agenciapacourondo.com.ar/cultura/14275-el-amor-en-tiempos-del-wassap, recuperado en julio de 2016.

Scolari, C., Bertetti, P. y Freeman, M. (2014). *Transmedia Archaeology: Storytelling in the Borderlines of Science Fiction, Comics and Pulp Magazines*. Basingstoke: Palgrave Pivot.

Sibilia, P. (2005). *El hombre postorgánico. Cuerpo, subjetividad y tecnologías digitales*. Buenos Aires: FCE.

Sibilia, P. (2008). *La intimidad como espectáculo*. Buenos Aires: FCE.

Simmel, G. (2015). *Sociología: Estudios sobre las Formas de Socialización*. México: Fondo De Cultura Económica (1ª ed. 1908).

Simmel, G. (1986). Las grandes urbes y la vida del espíritu. En Simmel G. *El individuo y la libertad. Ensayos de crítica cultural*. Barcelona: Península. (Primera edición del ensayo 1903).

Tanja-Dijkstra, K. et al (2017). The soothing sea; a virtual coastal walk can reduce experienced and recollected pain. *Sage journals. Environment and behavior*, 1-27. Recuperado de http://journals.sagepub.com/doi/full/10.1177/0013916517710077#

Stemberg, J. (2012). *Misbehavior in Cyber places. The regulation of online conduct in virtual communities on the Internet*. Maryland: University Press of America.

Tello Navarro, F. (2015). El amor virtual, una representación. En *Revista Doble vínculo*, N° 6 (1) Sociedad en la plantalla, 8-15.

Thomas, S. (2010). *The moon Landing Hoax: the Eagle that never landed*. New York: Paperback.

Unicef (2016). *Kids Online/ Chic@s Conectados. Investigación sobre percepciones y hábitos de niños, niñas y adolescentes en internet y redes sociales*. Recuperado de https://www.unicef.org/argentina/spanish/COM_kidsonline2016.pdf
Consultado en septiembre de 2016.

Unicef Argentina (2013). *Situación del embarazo adolescente en Argentina en el día mundial de la población*, recuperado de https://www.unicef.org/argentina/spanish/Embarazo_adolescente_Argentina-VB.pdf, consultado en enero de 2017.

Urresti, M. (2015). Internet y las diferencias del universo prosumidor. En Lago Martínez, S. y Correa, N. (comps). *Desafíos y dilemas de la universidad y la ciencia en América Latina y el Caribe en el siglo XXI*. Buenos Aires: Teseo, 505-514.

Warwick, K. (2014). The cyborg revolution. En *NanoEthics*, vol 8(3), Coventry, University of Coventry, 263.

www.ingramcontent.com/pod-product-compliance
Lightning Source LLC
Chambersburg PA
CBHW080555220526
45466CB00010B/3161